Karen Uecker

Der Reitbegleithund

Pferd, Hund und Reiter – ein Team

Müller
Rüschlikon

Einbandgestaltung: Kornelia Erlewein

Titelbild: Archiv Karen Uecker

Bildnachweis:
Das Foto auf Seite 32 ist von Iris Gleichen.
Alle übrigen Fotos stammen aus dem Archiv Karen Uecker.

Alle Angaben in diesem Buch wurden nach bestem Wissen und Gewissen gemacht. Für einen eventuellen Missbrauch der Informationen in diesem Buch können weder die Autorin noch der Verlag oder die Vertreiber des Buches zur Verantwortung gezogen werden. Eine Haftung für Personen-, Sach- und Vermögensschäden ist ausgeschlossen.

ISBN 978-3-275-01969-4

Copyright © 2014 by Müller Rüschlikon Verlag
Postfach 103743, 70032 Stuttgart
Ein Unternehmen der Paul Pietsch Verlage GmbH & Co. KG
Lizenznehmer der Bucheli Verlags AG, Baarerstr. 43, CH-6304 Zug

1. Auflage 2014

Sie finden uns im Internet unter www.mueller-rueschlikon-verlag.de

Lektorat: Claudia König
Innengestaltung: Kerstin Diacont
Druck und Bindung: Graspo CZ, 76302 Zlin
Printed in Czech Republic

Einleitung

1. Einleitung

Der »Reitbegleithund« ist in der Begrifflichkeit eine eher neue Schöpfung, aber Hunde, die Pferde oder Kutschen begleiten, gibt es schon seit langer Zeit. Ohne besondere Ausbildung liefen sie einfach irgendwie mit. Ist es in Anbetracht dessen also übertrieben, unserem Hund extra eine Reitbegleithund-Ausbildung angedeihen zu lassen?

Nein, ist es nicht, und zwar vor allem aus zwei Gründen:

1. Unsere Welt wird immer enger, und im Gegensatz zu »früher«, wo es zwar auch Gesetze und Regeln gab, deren Einhaltung aber recht großzügig gehandhabt wurde, ist heute unser Aufenthalt in der Natur streng reglementiert, insbesondere dann, wenn wir mit Pferd und Hund unterwegs sind. Reitverbote nehmen zu und zwingen uns zu teils abenteuerlichen Umwegen an viel befahrenen Hauptstraßen entlang. Die Gebiete, in denen wir reiten, werden von vielen anderen Menschen genutzt. Ein Neubaugebiet nach dem anderen frisst sich in die Wälder und Felder, Spaziergänger, Jogger, Nordic Walker, Fahrradfahrer, Mountainbiker ... sie alle möchten die Natur nutzen. Der landwirtschaftliche Verkehr nimmt zu (und ebenso die Größe der eingesetzten Vehikel!). Aber nicht nur die Interessen unserer Mitmenschen müssen berücksichtigt werden, sondern auch die der Wildtiere. Sie leiden unter der Beschneidung ihres Lebensraumes durch die intensive Landwirtschaft, durch neu ausgewiesene Wirtschaftsräume und Baugebiete, aber auch unter unserem Freizeitverhalten. Auch wenn wir in einem Gebiet reiten, in dem ein freundlicher und den Reitern und Hundebesitzern positiv gegenüberstehender Jagdpächter zu finden ist, MUSS unser Hund entweder auf den Wegen bleiben und zuverlässig abrufbar sein, oder aber er muss an der Leine geführt werden. Und das erfordert schon ein bisschen Vorbereitung und Übung.

Das heißt also, wir können nicht einfach losreiten und der Hund kommt schon irgendwie mit, sondern müssen viel Rücksicht nehmen. Und das funktioniert nur mit einem Hund, der gelernt hat, zuverlässig Befehle von einem Besitzer zu befolgen, der auf einem Pferd sitzt. Das wiederum setzt natürlich voraus, dass der Hund grundsätzlich gehorsam ist. Aber darüber hinaus muss er, um tatsächlich problemlos vom Pferd aus geführt zu werden, einige für »Pferdebegleiter« spezifische Dinge lernen, die ansonsten im Alltag eher nicht vorkommen.

Nicht nur der Hund muss jedoch auf seine Aufgaben vorbereitet werden, sondern auch das Pferd. Hier gilt wieder: Je besser die Grundlagen, je feiner das Pferd an den Hilfen steht und je mehr Vertrauen es in seinen Reiter und auch in den haarigen Vierbeiner hat, desto einfacher gestaltet sich die Ménage-à-trois. Doch auch bei einem wirklich gut ausgebildeten Pferd tut man gut daran, einige spezielle Vorbereitungen durchzuführen, um mit dem Jäger, Hund und dem Fluchttier Pferd eine für alle harmonische Zeit zu verbringen.

2. Über einen wichtigen Aspekt sollte man sich noch im Klaren sein, bevor man seinen Hund am Pferd führt: Das Risiko, dass unserem Hund etwas passieren kann, ist deutlich erhöht. Auch das bravste Pferd kann unvorhersehbar scheuen, und wenn der Hund dann gerade im toten Winkel des Pferdes läuft und nicht schnell genug reagiert, kann das zu übelsten Verletzungen führen. Nun wissen wir Reiter, dass sich das Risiko, einen Unfall zu haben, in dem Moment erhöht, in dem wir in den Sattel steigen.

Zum einen wägen wir ab und stellen fest, dass die Freude, die wir dabei haben, uns das Risiko wert ist, aber zum anderen halten wir dieses Risiko durch eine bestmögliche Ausbildung so gering wie möglich – und genau das sollten wir auch im Hinblick auf unseren Reitbegleiter tun. Dabei möchte dieses Buch behilflich sein!

Der vorliegende Ratgeber kommt ein wenig »hundelastig« daher. Das ist nicht etwa aus Versehen oder Zufall so, sondern aus meiner tiefsten Überzeugung heraus so entschieden, da es genau darauf ankommt! Ein kooperierender Hund, der unseren Anweisungen freudig Folge leistet, kompensiert mit seinem Verhalten ein schwieriges Pferd, das viel unserer Aufmerksamkeit erfordert, so gut, dass wir trotzdem zu dritt Spaß haben werden. Aber ein Hund, den wir vom Pferd aus nicht unter Kontrolle bekommen, verdirbt unweigerlich jeden Ritt, egal, wie brav und wohlerzogen das Pferd ist. In 90 % der Fälle, warum sich ein Reiter an mich wendet, liegt das Problem in der mangelhaften oder fehlenden Grundausbildung des Hundes. Eigentlich müsste ich immer vorschlagen: »Fahr am besten wieder nach Hause und arbeite erst einmal mit Deinem Hund.« Nun ist das kein günstiger Einstieg in eine Trainingsbeziehung, aber das, was die meisten Ratsuchenden im Sinn haben, nämlich mit Hund und Pferd gemeinsam an den speziellen Situationen zu arbeiten, in denen es immer »Stress« gibt, ist zwar eine beliebte Variante, wirklich dauerhaft hilfreich indes ist sie nicht.

Genau deshalb gehe ich hier so intensiv auf die Grundlagenerziehung des Hundes ein. Sicherlich immer im Hinblick auf seine Rolle als Reitbegleiter, aber wesentlich gründlicher, als man es vielleicht unter diesem Thema erwarten würde. Meine erste Reitbegleiterin war ein Hund, der mir eigentlich

alles geschenkt hat. Ich fühlte mich wie ein Spezialist, gab anderen, die schwierigere Hunde hatten und bewundernd zu uns aufschauten, gerne Tipps. Rückblickend betrachtet handelte es sich dabei um pauschales Klugschwätzen ohne fundiertes Hintergrundwissen. (Leider findet man das auch hin und wieder in Ratgebern.) Dann kam der nächste Hund. Der war ein ganz anderes Kaliber und die gleiche Erziehung brachte nicht mal annähernd das gleiche Ergebnis, aber immerhin die Erkenntnis, dass manche Leute (zu denen ich ja in vorderster Front gehörte) mit ihren Hunden nur deshalb so professionell und sachkundig daherkommen, weil sie so nette Hunde haben, die auch auf ein unsinniges Gewirr von Anweisungen noch die richtige Reaktion finden. Ich begann mich also zu fragen, was schiefgelaufen war, und je mehr ich der Sache auf den Grund ging, desto faszinierter war ich vom Thema. Und um Ihnen die üblichen Probleme zu ersparen, bzw. wenn sie schon da sind, sie verstehen und ändern zu können, bin ich in diesen Punkten etwas detaillierter (habe mich dennoch sehr zurückgenommen ...).

Zwei kleine Hinweise zu Beginn:
■ Wenn Ich meistens von »Frauchen« spreche, dann ist das bedarfsweise einfach durch »Herrchen« zu ersetzen!
■ Auf den Fotos reiten wir fast immer ohne Helm, das ist ein wenig der Eitelkeit geschuldet. Sobald die Kamera in der Tasche verschwunden ist, gibt es nur noch »oben mit«.

Über mich

Meine Bestimmung, mit Hunden und Pferden zu leben, war schon früh recht deutlich zu erkennen, auch wenn sie sich im echten Leben zunächst nicht so recht durchzusetzen vermochte. Anzutreffen war

So soll es sein: Mensch mit Reithelm, Hund mit Geschirr und Signalhalstuch.

ich als Kind meist in Ermangelung eines Pferdes auf einem grünen Klappfahrrad, dafür aber in voller Reitmontur oder viel mehr mit Kleidung, die ich für täuschend ähnlich hielt: gelbe Gummistiefel als Reitstiefel und eine Strumpfhose als Reithose. An den Griffen des Fahrradlenkers hatte ich meine »Zügel« befestigt, in der Hand hielt ich einen Zweig als Gerte. Und als ob das für meine Mutter noch nicht besorgniserregend genug gewesen wäre – ihre Tochter, angezogen wie eine Schwachsinnige, das Fahrrad mit einer Schnur lenkend und Hufklackergeräusche (im Wechsel mit Wiehern und Schnauben) durch die Gegend fahren zu sehen, hatte ich zu allem Überfluss auch noch eine (echte!) Hundeleine um den Hals hängen und rief von Zeit zu Zeit nach meinem imaginären Hund. Man kann

meinen Eltern wohl nicht verdenken, dass sie alles in ihrer Macht stehende taten, um meine Interessen in eine andere Richtung zu lenken. (Ohne Erfolg, wie man sieht.) Keiner in meiner Familie hat außer mir auch nur ansatzweise manische Züge, was Tiere betrifft. Es muss wohl eine spontane Genmutation gewesen sein, die sich aber dominant weitervererbt, denn auch meine Tochter hat es erwischt. So lebe ich also heute mit meiner Familie und den Tieren, drei Hunde, zwei Pferde und ein Kater, in der Nähe von Hannover.

Etwas näher vorstellen möchte ich auf jeden Fall Asim. Er ist auf beinah allen Fotos zu sehen und mein permanenter Begleiter. Asim wurde 2010 geboren. Er ist ein Groenendael, eine Varietät des Belgischen Schäferhundes. Er ist ein treuer Gefährte, ein wahrer Freund, ein gütiger Lehrer, ein vergnügter Dickkopf, ein mutiger Beschützer und ein liebevoller Kuschelbär, mein »One in a Million«.

Sein behufter Freund ist Gharamat, ein Arabisch Partbred aus Vollblut Araber und Achal Tekkiner, ein so genannter »Arasier«. Er ist 2007 geboren und als ich ihn mit einem Jahr kennenlernte, sah er aus wie eine Mischung aus einem Bambi und einem Seepferdchen. Noch nie zuvor hatte ich ein so zartes und dennoch zähes Wesen mit so riesigen Augen gesehen. Er ist mehr Windhund als Pferd, sowohl vom Äußeren, als auch vom Wesen. Wenn es machbar wäre, würde er im weichsten Körbchen im Wohnzimmer schlafen. Und wenn es machbar wäre, wär' ich die erste, die ihm das Körbchen zur Verfügung stellte.

Unser zweites Pferd ist Kjarou, ein Andalusier-Berber. Er hat kein Interesse an einem Körbchen im Wohnzimmer, es sei denn, es sind schon ein paar Stuten darin. Er ist ein Wallach, wie auch Gharamat, nur im Gegensatz zu ihm, weiß Kjarou das nicht. Er

Mirabelle und Gharamat bei einer freundlichen Kontaktaufnahme.

ist von morgens bis abends auf Weiden und Ausläufen unterwegs, um als Macho die Mädels zu beglücken. Trotz dieser anstrengenden Aufgabe ist er bei der Arbeit motiviert und zu 100 % in jeder Situation verlässlich.

Fehlen noch Mirabelle und Maeve; Maeve ist unser Border Collie, sie liebt es, die Ausritte zu begleiten, weniger schätzt sie unser hartnäckiges Pferdehüte-Verbot. Mirabelle ist ein ungarisches Früchtchen. Sie kommt aus einer Tötungsstation und ist seit Oktober 2012 bei uns. Erstaunlicherweise bietet sie

Ausritte sollten auch dann kontrolliert sein, wenn man mit mehreren Hunden und Pferden unterwegs ist.

sich sehr schön als Reitbegleiter an, sie lässt den Blick kaum vom Pferd, wenn sie mitlaufen darf und zwar ohne, dass ich da groß erzieherisch tätig werden musste. Ein bisschen verwunderlich, denn ihre Hauptkomponenten – ich schätze Dackel und Terrier – stehen zwar für Spaß und eine Menge Charme, aber eigentlich nicht für »einfache« Reitbegleiter ... Der Australian Shepherd, der auf einigen Bildern zu sehen ist, ist Seanah. Sie ist der oben erwähnte Hund, der als perfekter Reitbegleiter auf die Welt kam – und sie als solcher wieder verlassen hat. Bis ganz zum Schluss hat sie alle Kräfte mobilisiert, um

auch ja mitgenommen zu werden. Ich denke, sie sorgt in den himmlischen Reitställen für Ordnung und ich hoffe, sie wartet ...

Wir sind häufig zu Auftritten unterwegs, mal nur mit den Hunden, aber zunehmend auch mit den Pferden und Hunden gemeinsam. Was als Demonstration der »Reitbegleithunde-Ausbildung« begann, wurde dank des hoch motivierten Asim und des allmählich erwachsen werdenden Gharamat, recht schnell zu einer Shownummer. Liegen keine Auftritte an, gebe ich gelegentlich Kurse zu den Themen Hunde- und Pferdeausbildung.

2

Voraussetzungen, Ausbildung, zielgerichtete Vorbereitung des Hundes

2. Voraussetzungen, Ausbildung, zielgerichtete Vorbereitung des Hundes

2.1 Welche Rassen sind geeignet?

Um es gleich vorweg zu sagen, es gibt Jagdterrier, die beim Anblick eines Hasen Schutz hinter Mamas Bein suchen, es gibt Border Collies, die so viel Hütetrieb haben wie eine Stubenfliege und es gibt Schäferhunde, die als totale Pazifisten jeden Hund lieben, von dem sie gerade angepöbelt werden, diese Liste ließe sich endlos fortsetzen ... Was ich zum Ausdruck bringen möchte, ist, dass es immer Hunde gibt, die so gar nicht rassetypisch sind, aber sie sind Ausnahmen. Auch wenn sich Hunde einer Rasse natürlich individuell unterscheiden, so bleiben doch bestimmte Merkmale, die genau das sind, was Rassehunde ausmachen sollte, nämlich rassetypisch. Und davon gehen wir im Folgenden dann einfach mal aus.

Den idealen Reitbegleithund kann es nicht geben, dazu gehen die Anforderungen viel zu weit auseinander. Der Distanzreiter, der seinen Hund täglich zum Training mitnehmen möchte, der die Pferde am Haus hält und abends noch oft im Halbdunkel alleine auf abgelegenen Wiesen Wasser auffüllt, wird einen ganz anderen Typ von Reitbegleiter als ideal empfinden, als Jemand, der sein Pferd auf einem Hof untergebracht hat, wo den ganzen Tag ein reges Kommen und Gehen herrscht, wo viele Kinder und viele Hunde herumwuseln und der hauptsächlich auf dem Reitplatz unterwegs ist und am Wochenende vielleicht mal einen gemütlichen Ausritt in geselliger Runde macht. Das bedeutet, dass auch ein Mops (ein atemfähiger versteht sich), der als Reitbegleiter ja eher ein Außenseitertipp ist, eine tolle Wahl sein kann, wenn es darum geht, auf dem Reitplatz Horse- & Dogtrail-Aufgaben zu trainieren, einen gemütlichen Ausritt zu begleiten, friedlich und freundlich und nicht genervt zu sein, wenn am Stall Trubel herrscht.

Ein nicht ganz unwichtiger Aspekt ist auch die Fellbeschaffenheit des Hundes. Wenn Sie zu den Pferdemenschen gehören, die ihre Tiere ganzjährig im Offenstall halten und auch im Winter allerlei Arbeiten rund um den Stall zu erledigen haben, dann wird ein kurzhaariger Begleiter recht bald anfangen zu frieren. Sicher, man findet für alles eine Lösung. Meine kleine Mixhündin Mirabelle wartet in den kalten Monaten z.B. im Auto auf einer Wärmflasche ruhend, bis wieder Bewegung angesagt ist, während sich mein Groenendael Asim mit Vorliebe einschneien lässt. Wichtig zu bedenken ist, dass das Reitbegleithund-Dasein meist nur einen Bruchteil des Alltags mit dem Hund ausmacht. Das heißt, man sollte, wenn man auf der Suche nach einem passenden Reitbegleiter ist, zunächst einmal das restliche Zusammenleben mit dem Hund unter die Lupe nehmen und schauen, ob auch das den Ansprüchen des auserwählten Hundes gerecht wird.

Im Folgenden habe ich aus den über 400 verschiedenen Hunderassen nur eine kleine Auswahl an Rassegruppen und einzelnen Rassen herausgegriffen, die immer wieder als Reitbegleiter empfohlen werden. Diese Auswahl hat absolut keinen Anspruch auf Vollständigkeit. Nur weil eine Rasse hier nicht explizit erwähnt wird, heißt das also nicht, dass ich sie als Reitbegleiter für ungeeignet erachte.

Vor der Anschaffung eines Reitbegleithundes muss gut überlegt werden, ob die erwählte Rasse auch in den restlichen Alltag passt.

Die beliebtesten und am häufigsten empfohlenen Reitbegleiter finden sich unter den Hütehunden. Allen voran wird der Australian Shepherd oft als der ideale Hund für Reiter genannt. Deswegen (und weil ich sie so sehr mag!) möchte ich diese Rasse ein klein wenig ausführlicher behandeln (siehe nebenstehender Kasten) .

Nicht alle Rassen, die unter den Oberbegriff »Hütehund« fallen, haben auch einen nennenswerten Hütetrieb. Und das ist für einen Reitbegleiter kein Nachteil! Im Gegenteil, denn zahlreiche Border Collies haben schon einiges an Zähnen eingebüßt und nicht wenige haben ihren an den Pferden ausgelebten Hütetrieb mit dem Leben bezahlt. Border Collies sind gelehrige, hübsche, ausdauernde Hunde – ich scheue mich gerade das Adjektiv »klug« hinzuzufügen, weil ich an unseren Border Collie »Maeve« denken muss, die im Vorbeigehen alles Mögliche an Tricks zu lernen im Stande ist, aber urteilen Sie selbst: Maeve besitzt einen bordertypischen Hütetrieb, sie hat auch Gelegenheiten, diesen auszule-

Der Australian Sheperd

Ohne Frage kann der Australian Sheperd ein traumhafter Begleiter am Pferd sein. Er hat eine praktische mittlere Größe, ist sportlich, ausdauernd und gut trainierbar, um nur einen Bruchteil seiner wunderbaren Eigenschaften zu nennen. Aber ganz genauso fraglos ist er nicht der ideale Familienhund, der so leichtführig ist, dass er sich quasi von alleine erzieht, sich jeder Situation anpasst, alle Kinder liebt, intuitiv weiß, welches Verhalten am Pferd gefordert ist, und seinem Menschen jeden Wunsch von den Augen abliest. Wenn das auch nur ansatzweise so wäre, gäbe es nicht so viele Hunde dieser Rasse, bei denen das erzieherische Minimalziel alles andere als knapp verfehlt wurde, es gäbe auch nicht diese Massen von Abgabehunden, die mit der fragwürdigen Auszeichnung »aggressiv, unkontrollierbarer Jagdtrieb, total geräuschempfindlich, ängstlich, angstaggressiv etc.« auf ein neues zu Hause warten. Ich habe schon mit vielen »Problemhunden« gearbeitet, nicht nur im Bereich der Reitbegleithund-Ausbildung, und da sind die Australian Shepherds zahlenmäßig ganz weit vorne, und die Besitzer wundern sich, warum ihr Exemplar so gar nicht den Beschreibungen vieler Bücher, Zeitschriften und HPs verkaufsorientierter Züchter entspricht.

Hier, wie auch bei jeder anderen Rasse hilft ein Blick auf den ursprünglichen Verwendungszweck. Die Aussies wurden gezüchtet für ein Leben auf Farmen, deren Bewachung zu ihrem Aufgabenfeld gehörte. Fremde (»fremd« wird von einem durchschnittlichen Australian Shepherd durchaus großzügig ausgelegt) sollten nicht schwanzwedelnd begrüßt, sondern durchaus misstrauisch gemeldet werden. Und wer sich als Fremder davon nicht aufhalten lassen wollte, der wurde mit Wohlwollen des Farmers von den Hunden auch schon mal an die Wand getackert. Dabei war erst einmal nebensächlich, ob es sich nun um einen Viehdieb oder die Schwiegermutter handelte. Die Hunde wurden auf Selbständigkeit hin selektiert. Sie mussten natürlich kooperieren und Kommandos befolgen, aber wenn sie etwas besser wussten, also beispielsweise ein dem Farmer entgangenes Kalb entgegen des eigentlichen

Befehls noch hinter dem Busch hervortrieben, so war das etwas, was gewollt war.

Schaut man sich allein diese beiden Aspekte an, so ahnt man bereits, dass dieses im Hund verankerte Verhalten in unserem Alltag durchaus Probleme verursachen kann. Ein Hund, der eigenständig entscheidet, überaus territorial und mit einer guten Portion Schutztrieb ausgestattet ist, der über seinen Hütetrieb ein sagen wir mal lebhaftes Interesse am sich bewegenden Objekt hat, braucht einen Besitzer, der ihn und seine inneren Antriebe versteht, der wirklich führt, auf dessen Entscheidungen und Einschätzungen der Hund sich verlassen kann. Den Australian Shepherd kann man nicht innerhalb weniger Generationen zu einer massenkompatiblen Allerweltsnudel machen, auch wenn viele Zuchtbestrebungen genau in diese Richtung gehen und bei einigen Aussies auch durchaus »erfolgreich« waren. (Ob das überhaupt erstrebenswert ist, ist ja nicht Thema dieses Buches ...) Aber erfüllt man als Besitzer die Ansprüche dieser Rasse, dann ist der Australian Shepherd ein Traumhund und ein überaus geeigneter Reitbegleiter!

Der Border Collie, ein nicht ganz unproblematischer Begleiter.

ben, weiß aber, dass Pferde nicht gehütet werden. (Weil sich Pferde in der Regel nicht hüten lassen und sich im Zweifelsfall effektiv dagegen zur Wehr setzen. Und weil verzweifelte Hüteversuche an »hüteresistenten« Objekten für den Hund ein riesiges Frustpotential bergen.) Das alles hält Maeve aber nicht davon ab, genau das unbedingt zu wollen und

täglich zu überprüfen, ob das Verbot nicht vielleicht endlich gelockert wurde. Das ist schon recht anstrengend und führt zu Situationen wie der Folgenden. Tägliche Routine: Ich hole ein Pferd aus dem Stall in die Gasse. Maeve ist in sicherer Entfernung abgelegt, sie geiert das Pferd an, ich gebe ihr das Kommando, vor mir und dem Pferd aus der

Stallgasse herauszulaufen. Maeve rast zunächst ein paar Schritte rückwärts, bis sie sicher ist, dass ich (unwichtig) und das Pferd (wichtig) auch folgen, dann dreht sie sich um und kracht dabei jeden, wirklich jeden Tag, mit voller Wucht und mit Sicherheit schmerzhaft gegen die dort abgestellten Schubkarren. Würden Sie so einen Hund als klug bezeichnen? Solche und ähnliche Geschichten können viele Pferdeleute berichten, die Border Collies haben. Zuviel Hütetrieb verursacht (abseits des für diesen Hund vorgesehenen – und ihn glücklich machenden Einsatzbereiches) recht viele Probleme. Also Vorsicht beim Border als Pferdehund! Und ja, ich höre es bereits in meinem inneren Ohr ... »Aber ich kenne Border Collies, ...« Ja, ich auch, aber ich sehe auch die vielen unglücklichen Hunde und Menschen. Deswegen sollte die Anschaffung eines Spezialisten immer doppelt gut durchdacht sein!

Nun sind nicht mehr alle Hütehunde Spezialisten im Umgang mit Vieh. Je nach Zuchtauslegung mehr oder weniger ausgeprägt haben sie aber folgende Eigenschaften gemeinsam: Hütehunde sind sensibel, unterordnungsbereit, sie haben nicht nur viel Freude am gemeinsamen Arbeiten und Spielen, sondern körperliche und vor allem geistige Auslastung ist zwingend notwendig. Sie sind hervorragende Beobachter und lernen schnell, leider auch die Dinge, die uns nicht so gut gefallen. Das oft zitierte: »Hütehunde haben keinen Jagdtrieb« wird auch durch ständige Wiederholung nicht wahrer. Hütetrieb ist Jagdtrieb, nur den letzten Schritt, den Zugriff auf die Beute, überlässt der Hund dem Schäfer. Tatsächlich haben die meisten Hütehunde scheinbar kein gesteigertes Interesse daran, zu jagen. Das liegt aber daran, dass sie sich bei guter Bindung zu ihren Menschen nicht selbständig von ihnen entfernen und sich gut abrufen lassen. Stimmt aber die Erziehung und die Beziehung zum

Menschen nicht, lassen sie sich kaum davon abbringen, hinter dem Wild herzuhetzen.

Zusammenfassend kann man sagen, dass sich die meisten Hütehunde bei einem engagierten, einfühlsamen Besitzer sehr gut als Reitbegleiter eignen. Zu meinen persönlichen Favoriten gehören dabei der zu Unrecht wenig verbreitete Kurzhaar Collie, aber auch beispielsweise der Weiße Schweizer Schäferhund, der Bearded Collie oder auch der kleinere Sheltie sind wunderbare Begleiter.

Jagdhunde

Jagdhunde haben Jagdtrieb, das ist das, was sie auszeichnet! Sicherlich ist das nun stark vereinfacht, denn klar haben auch Hunde, die nicht zur Gruppe der Jagdhunde gehören, diesen Trieb. Aber die Jagdhundrassen wurden darauf selektiert und das macht schon einen ziemlichen Unterschied. Natürlich kann es sein, dass man mit einem hoch veranlagten Deutsch Kurzhaar wunderbar entspannte Ausritte durch eine wildreiche Gegend unternehmen kann, der Hund vielleicht fleißig anzeigt, aber nicht im Traum auf die Idee kommt, ohne Ihr »Go!« im Unterholz zu verschwinden oder zur Verfolgung eines flüchtigen Hasen zu schreiten. Ebenso gut kann es einem passieren, dass man einen ja angeblich nicht jagenden Hütehund (stimmt nicht, s. o.) nicht von der Leine lassen kann, weil er alles hetzt, was ihm ins Blickfeld gerät. Deswegen ist der Deutsch Kurzhaar aber noch lange nicht der bessere Reitbegleiter, er ist in diesem Fall nur besser erzogen. Aber: Einen triebigen Jagdhund zu einem zuverlässigen, wildsicheren Begleiter in Wald und Flur zu erziehen, ist eine wesentlich größere Herausforderung, als beispielsweise einem Hüte- oder Begleithund beizubringen, dass die Wege nicht verlassen werden und Kommandos auch in

Der Belgische Schäferhund ist ein gelehriger und ausdauernder Begleiter.

Anwesenheit von Wildtieren ihre Gültigkeit haben. Was es komplizierter macht ist, dass die Gruppe der Jagdhunde riesig ist. Darunter gibt es Rassen, die sich mehr oder auch deutlich weniger als Reitbegleithund eignen, denn während die meisten Retriever-Arten sich meiner Ansicht nach ganz her-

vorragend als Reit- (und ständiger) Begleiter eignen, dürfte ein Afghanischer Windhund, als den üblichen Erziehungsversuchen widerstehender, passionierter Sichtjäger, nur etwas für ausgesprochene Liebhaber sein. Es kommt zum einen darauf an, wie ausgeprägt der Trieb ist, zum anderen, ob man diesem

In wildreichem Gelände sollte der Hund nur dann aus dem Kontrollbereich entlassen werden, wenn er zuverlässig abrufbar ist.

Trieb gerecht werden kann. Das ist bei einem Apportierer gut machbar, ansonsten muss man sich schon ein bisschen was einfallen lassen – nur am Pferd zu laufen, reicht in der Regel nicht aus.

Der Rhodesian Rigdeback

Zur großen Gruppe der Jagdhunde gehört auch der Rhodesian Rigdeback, der in den letzten Jahren immer wieder als Reitbegleithund angepriesen wird. Und nicht nur als das, sondern auch als idealer Familienhund, kombiniert mit seinem attraktiven

Aussehen wurde er zum Modehund mit allen negativen Folgen. Ein Rhodesian Rigdeback aus sorgfältiger Zucht und in den richtigen Händen – er ist kein Anfängerhund! – kann ein wunderbarer, gelassener, ausdauernder und nervenstarker Begleiter sein. Man muss sich aber darüber im Klaren sein, dass beim ihm Wach- und Schutztrieb recht ausgeprägt vorhanden sind, und dass der Rhodesian Rigdeback ursprünglich als eigenständiger Jäger gezüchtet wurde. Als Befehlsempfänger hält er sich selbst eher für eine Fehlbesetzung und braucht unbedingt ein sachkundiges Händchen, um ihn vom Gegenteil zu überzeugen. Und sucht man seinen Welpen weniger sorgfältig aus, kann er eine angstaggressive Katastrophe sein, und Jagdtrieb ist definitiv durchaus vorhanden!

Zu den Gesellschaftshunden gehören beispielsweise die Bichons, kleine Terrier, kleine Schnauzer und Pinscher, der Mops, Pudel ... Alle die Hunde, die manchmal etwas verächtlich als Schoßhündchen abgetan werden. Die meisten dieser kleinen Hunde eigenen sich nicht dazu, lange Strecken in hohem Tempo am Pferd zu laufen, aber generell sind sie wunderbare zugewandte, kluge Begleiter, die sich sehr gut erziehen lassen und am Stall und auf kleineren Ausritten hervorragende Partner sind.

Reitender Kleinhund?

Ich kenne einige Kleinhund-Besitzer, die ihre Lieblinge auch schon mal auf dem Pferd transportieren. Und es ist ja auch ganz verlockend, den kleinen Kerl dann, wenn er schon eine Weile nebenher gelaufen ist und langsam müde wird, einfach vor sich in den Sattel zu setzen. (Das Pferd muss ganz behutsam daran gewöhnt werden, dass ihm ein Raubtier im Nacken sitzt!) Die meisten kleinen Hunde stellen sich dabei recht geschickt an und fühlen sich scheinbar sehr wohl und auch sehr sicher. Sie werden ja gut festgehalten ... Objektiv gesehen sind sie dabei aber alles andere als sicher. Wenn das Pferd sich erschrickt und möglicherweise losläuft, braucht der Reiter beide Hände und der Hund ist schnell vom Sattel gerutscht. Wenn es sich bei dem Pferd um einen Isländer mit einem Stockmaß von 1,25 m und bei dem Hund um einen kernigen Jack Russell handelt, mag auch so eine Situation glimpflich ausgehen, vor allem, wenn der Hund vorher das Herunterspringen geübt hat. Aber wenn ein Zwergpinscher von einem 1,70 m Pferd herunterkatapultiert wird, ist das gelinde gesagt eher ungesund. Es gibt dann noch die Möglichkeit, einen Kleinhund in einem speziellen Rucksack zu transportieren, aber dann muss man sich darüber im Klaren sein, dass man auf keinen Fall vom Pferd fallen sollte.

Der Jack Russell Terrier

Jack Russell Terrier sind bei Reitern wahnsinnig beliebt. Sie sind temperamentvoll, klug, kernig, ausdauernd, witzig, charmant, robust. Sie passen überall drauf und drunter und sind hart im Nehmen. Zu allem Überfluss sind sie auch optisch noch ein Knaller in ihren verschiedenen Fell- und Farbkombinationen. Aber sie sind nicht leichtführig, sie sind eigensinnig und wissen sowieso alles besser. Jack Russell Terrier können anderen Hunden gegenüber recht angriffslustig sein, sie sind selbständig und wenn sie anderes zu tun haben, und das haben sie meistens, sind sie nicht sonderlich an ihrem Menschen interessiert. Und leider schlägt ihr großes, tapferes Herz für die Jagd in all ihren Varianten. Macht sie das zum ideale Reitbegleithund? Für Menschen mit großem Durchsetzungsvermögen, viel Zeit und der nötigen Muße zum Hundetraining, mit überdurchschnittlich viel Humor und richtig guten Nerven, vielleicht.

Erwähnen möchte ich auch noch Schäferhund, Riesenschnauzer, Dobermann und Co. Diese Rassen zählen zu den sogenannten Gebrauchshunden. Auch hier gibt es reine Schönheitslinien (und beim Deutschen Schäferhund hat man es im Namen der »Hochzucht« geschafft, einen ehemals absolut herausragenden Sportler zu einem Krüppel zu züchten, der jede auch nur erdenkliche Krankheit mitnimmt), aber generell definiert sich »Schönheit« bei diesen Rassen über die Gebrauchstüchtigkeit, das Leistungsvermögen und das entsprechende Wesen. Diese leistungsfähigen Arbeitshunde, die aufgrund ihrer Triebqualitäten und Konstitution für verschiedene Aufgaben ausgebildet und genutzt werden können, sind natürlich auch wunderbare Pferdebegleiter. Aber ein so starker Hund erfordert ein Höchstmaß an Verantwortung des Hundeführers. Diese Hunde sind oft sehr »rangbewusst« und würden die neuerdings losgetretenen Thesen, dass der Mensch gar kein Rudelführer zu sein braucht, sofort unterschreiben. Diesen Job würden sie nämlich überaus gerne selbst übernehmen. Schäferhund und Co. sind ganz hervorragende Begleiter in allen Lebenslagen, brauchen aber Aufgaben (nur Reit-

Der Hundetransport auf dem Pferd kann problematisch werden.

Auch Welpen können sich schon daran gewöhnen, neben dem Pferd zu laufen – natürlich nur an der Leine und nur für ganz kurze Strecken.

begleiter zu sein, reicht ihnen in der Regel nicht) – und sie brauchen Erziehung!

Mischlinge sind nicht per se gesünder als Rassehunde, zu diesem Ergebnis kam eine Forschungsarbeit der Tierärztlichen Hochschule Hannover. Sind die Ausgangsrassen krank, so sind es auch die Nachkommen. Andererseits kann man aber schon sagen, dass Mischlinge grundsätzlich vitaler und gesundheitlich robuster sind als viele Rassehunde, deren Genpool durch eigenartige Zuchtpolitik

schrumpft und die mittels absurder Zuchtziele ganz systematisch kaputt gezüchtet werden.

Wo wir gerade bei Mischlingen waren, kommen mir die Designerdogs in den Sinn. Designerdog-Erfinder und -Verkäufer wehren sich naturgemäß vehement gegen die Eingruppierung ihrer Erzeugnisse unter »Mischlinge«. Ohne eine Wertung abgeben zu wollen, sind sie aber natürlich genau das. Nur dass man die Problemchen, die man in Kauf nimmt, wenn man ein großes Herz zeigt und sich einen Tier-

Wenn der Hund ausgewachsen und entsprechend trainiert ist, steht auch längeren Ausritten mit höherem Tempo nichts im Wege.

schutz-Mischling zulegt, hier teuer bezahlen darf. Das Problem nämlich, nicht zu wissen, welche körperlichen und charakterlichen Zuge der Hund denn nun später zeigen wird. Kurz erläutert am Beispiel Puggle, also Mops (Pug) und Beagle: Bekommt man wie verheißen einen farblich attraktiven Mops mit längerer Nase und Mopscharakter oder vielleicht einen selbständig jagenden Meutehund ohne Nase, den man – wie den Beagle – eigentlich kaum von der Leine lassen kann? Nichts gegen Fremdbluteinkreuzung, die meines Erachtens einigen Rassen sehr gut täte, aber man sollte, zumindest, wenn man den Hund für einen bestimmten Tätigkeitsbereich – wie das Begleiten eines Pferdes – anschafft, darauf achten, dass beide Ausgangsrassen auch diejenigen Eigenschaften innehaben, die man braucht.

Wie alt sollte ein Reitbegleithund sein?
Es gibt kein zu alt und kein zu jung, denn auch einen Welpen kann und sollte man neben dem Pferd herlaufen lassen. Aber natürlich gelten hier besondere

Maßstäbe; die Strecken müssen altersentsprechend (sehr) kurz gewählt werden und der Welpe sollte von einer zweiten Person kontrolliert an der Leine geführt werden. Wirklich belastbar sind die Hunde erst ab einem Jahr. Große, schwere Rassen brauchen noch länger!

Und auch ein alter Hund kann lernen, neben dem Pferd zu laufen. Hunde lernen in jedem Alter und natürlich gilt es hier (wie immer!), seinen Hund gut zu beobachten und nicht zu überfordern.

2.2 Grundgehorsam

Wie viel Gehorsam ist unerlässlich für ein stressfreies Miteinander rund um den Stall und für harmonische Ritte zu dritt?

Das ist erfahrungsgemäß ein eher unbeliebtes Thema, aber leider ist es ziemlich egal, mit welchen speziellen Aufgaben wir aufwarten und wie viel Spaß wir unserem Liebling damit hoffentlich bereiten – ohne einen befriedigenden Grundgehorsam wird der Erfolg mäßig ausfallen (um es mal vorsichtig zu formulieren). Und ganz besonders beim hündischen Pferdebegleiter gilt: Wenn der Hund schon Frauchen oder Herrchen zu Fuß nur mittelmäßig gehorcht, wird sich der vom Pferd aus verlangte Gehorsam so schnell in ein frustrierendes Nichts auflösen, wie unser entfesselter Hund hinter dem Hasen her ins Unterholz entfleucht. Ein Hund, der am Boden nicht wirklich zuverlässig gehorcht – und da sollte man im eigenen Interesse sehr ehrlich mit sich sein, wird uns so gut wie gar nicht mehr gehorchen, wenn wir auf dem Pferd sitzen. Viele Hundebesitzer mogeln sich da ein wenig durch den Alltag und lächeln nachsichtig über die Anfälle von Taubheit, denen der Hund ganz gerne mal erliegt, aber auf dem Pferd sitzend bekommt man dafür ziemlich schonungslos die Rechnung präsentiert.

Denn mal eben ins Halsband zu greifen, damit unser Schatz nicht genau vor das Fahrrad läuft oder zu der hübschen Hündin auf die andere Straßenseite wechselt, funktioniert nicht, wenn wir auf dem Pferd sitzen. Die Hunde haben in Schallgeschwindigkeit heraus, dass wir da oben ein bisschen außer Gefecht sind und nutzen das gnadenlos aus.

Wie wir den Hund zu einem zuverlässigen Grundgehorsam erziehen, würde den Rahmen dieses Buches sprengen, aber weil genau das so immens wichtig ist, um Pferd und Hund harmonisch unter einen Hut zu bekommen, möchte ich zumindest ein paar Grundsätze kurz anreißen, deren Beachtung dem einen oder anderen bestimmt ein wenig hilft.

Bei näherer Betrachtung klingt es ganz logisch, dass sich die Freiheit des Hundes in dem Maße erweitert, in dem der Gehorsam, die Kommunikationsbereitschaft und der Wille zur Mitarbeit beim Hund steigt. Sobald der Hund aber diese Freiheit »auf Ehrenwort« ausnutzt, sollte sich die Kontrolle wieder erhöhen.

Zu beobachten ist indes meist Folgendes: Der Welpe, der unsicher und abhängig durch seine ersten Lebensmonate tapst, bekommt Grenzen gesetzt, die allerdings hauptsächlich die Stubenreinheit und die Knabberlust an den Einrichtungsgegenständen betreffen, ansonsten hat der junge Hund einen riesigen Bewegungsradius, denn der angeborene Folgetrieb bewirkt, dass er nicht davonläuft und auf animierende Klatsch- und Lockgeräusche meist angerannt kommt. Er ist so klein und so süß, er kann nirgendwo Schaden anrichten, er fällt nicht unangenehm auf, im Gegenteil auch Frechheiten und Respektlosigkeiten werden entzückend gefunden, auch von der Umwelt, was die Besitzer noch mehr dazu verleitet, in nachsichtigem Lächeln zu verweilen, er versteht sich mit allen Hunden, weil er sich sofort unterordnet, kurz, er

![Reiterinnen mit Hunden auf der Weide]

Auch die Pausen sind entspannter, wenn sich die Hunde leicht vom Pferd aus kontrollieren lassen.

macht gar keine Probleme. Und dann kommt die berühmt berüchtigte Pubertät und auf die wird geschoben, dass der vormals so liebe, brave Hund ganz plötzlich nicht mehr hören mag. Das sei ganz normal, wird man von anderen Hundebesitzern beruhigt, die ebenfalls diese Erfahrung gemacht haben, das wären die Hormone, da könne man gar nichts machen, die Rüpel müssen also vermehrt an die Leine, an der sie (die Hunde) verständnislos her-

umziehen, die Besitzer sind ein wenig enttäuscht, oft auch frustriert darüber, dass ihr Hund so schwierig geworden ist. Und dabei ist ihnen gar nicht klar, dass nicht primär die Pubertät schuld ist am mangelnden Gehorsam des Hundes, sondern die bisher versäumte Erziehung. Alles, was passiert ist, ist eben, dass der junge, hilflose Hund älter und selbstbewusster geworden ist und festgestellt hat, dass er 1. Frauchens Schutz gar nicht mehr so sehr braucht und sich bedenkenlos entfernen kann, um interessanteren Dingen nachzugehen, denn 2. hat er auch gelernt, dass Frauchen total nett ist und außerdem das leckere Futter rausrückt, aber ansonsten eher – sorry aber meistens ist es so – während des Spaziergangs die langweiligste aller gebotenen Alternativen ist, und 3. – und das ist der entscheidende Punkt – hat er nie gelernt, dass ein Kommando befolgt werden muss.

Lernt aber der Hund in der Welpen- und Junghundezeit, dass es so etwas wie Kommandos und Abbruchsignale gibt, die befolgt werden müssen, so festigt sich damit (neben allen anderen angenehmen Folgen) auch sein Stressbewältigungs-System. Er wird belastbarer und lernt, mit einer gewissen Portion Frust umzugehen, was das Zusammenleben für ihn und uns wesentlich angenehmer gestaltet.

Wie bringt man einen Hund in der Praxis dazu, Kommandos zuverlässig zu befolgen?

Es hört sich banal an, aber eigentlich geht es nur darum, auch dem Welpen schon zu verklickern, dass ein Kommando tatsächlich auch befolgt werden muss. Natürlich »kommandiert« man einen Welpen nicht durch die Gegend, man geht sparsam mit Befehlen um, schau!, wann sie sinnvoll sind, und vor allem schaut man, dass man in der Lage ist, sie auch durchzusetzen. Das hat nichts mit übermäßigem Druck oder gar Brutalität zu tun, aber mit beharrlicher, liebevoller Konsequenz (die bei Welpen großen Eindruck macht und Bewunderung hervorruft! Mama hat sich schließlich auch nicht verschaukeln lassen ...).

Was allerdings selbstverständlich für den Welpen (aber auch für überraschend viele »Große«) gilt, ist, dass der Kleine zunächst einmal verstanden haben muss, was überhaupt unter »Komm«, »Sitz« & Co. zu verstehen ist!

Weiß der Hund grundsätzlich, was mit dem jeweiligen Kommando gemeint ist, gelten für den Welpen und für den erwachsenen Hund die gleichen Grundsätze:

BELOHNEN SIE IHREN HUND, ABER BESTECHEN SIE IHN NICHT!

Der Unterschied ist groß und die daraus resultierenden Fortschritte in Punkto »Gehorchen« sind riesig. Zum besseren Verständnis ein Beispiel: Frau X möchte ihren Fluffi heranrufen. Fluffi schnüffelt aber gerade sehr interessiert an Pferdeäpfeln und ignoriert geflissentlich das Komm-Kommando von Frau X. Frau X wiederholt das Kommando noch zwei- bis naja zehnmal. Fluffi hat inzwischen vielleicht auch mal das Köpfchen gehoben, kommen möchte er indes noch nicht. Aber Frau X ist ja noch nicht am Ende. Sie greift in ihre Tasche und raschelt mit einem Beutelchen, Fluffi macht gleich einen geneigteren Eindruck und als Frau X noch in die Wundertüte hereingreift, siegesgewiss ein Stückchen Fleischwurst hervorzuzaubern und damit säuselnd hin und her wedelt, kommt das Hündchen angerannt. Unser guter Fluffi hier ist einer von sehr vielen Hunden, die ihre Besitzer recht erfolgreich manipuliert haben. Zuverlässiger Gehorsam gehört allerdings nicht zu Fluffis Repertoire, warum auch, wenn beharrliches Ignorieren von Kommandos zu so schönen Erfolgen führt.

Frau X versucht ihren Hund dadurch zum Befolgen von Kommandos zu veranlassen, dass sie sich bemüht, die beste Alternative zu sein. Das mag funktionieren, solange die Fleischwurst gegen die Pferdeäpfel konkurriert. Kommt der Lieblingsfreund oder Lieblingsfeind um die Ecke, kann's schon mal knapp werden und der Erfolg ist abhängig von Hunger und Güte der Wurst- und Käsewaren, und wenn der Hase hochgeht, hilft kein Locken mehr

Aus der Kontrolle in die kontrollierte Freiheit. Auf die Reihenfolge kommt es an!

Anstatt den üblichen Weg zu gehen, nämlich von der totalen Freiheit des Welpen und Junghundes das Tier erst dann in die Kontrolle zu holen, wenn es nicht mehr anders geht, weil der Junghund »aufmüpfig« wird, seine Freiheiten zunehmend ausnutzt, da er nämlich mehr und mehr feststellt, dass er gar nicht mehr so klein und schutzbedürftig ist und ziemlich gut klarkommt, auch ohne seine menschlichen Begleiter immer im Auge zu behalten, wäre die umgekehrte Reihenfolge viel sinnvoller. Nämlich den Bewegungs- und Selbstbestimmungsradius zunächst eingeschränkt zu halten, um ihn dann bei zunehmendem Gehorsam zu vergrößern. Das bedeutet nicht, den jungen Hund ständig zu begrenzen und zu reglementieren, das heißt nur, dass man ihn nicht überwiegend sich selbst überlässt. »Gehorsam« zu sein, lohnt sich dann für den Hund, denn noch mehr als Leckerchen wird er es schätzen, als kooperativer Partner vertrauensvoll in die »Freiheit« entlassen zu werden. Denn wenn wir unseren Schatz zunächst unter Kontrolle halten und die Kommandos, die wir geben, auch durchsetzen, wird unser Hund das nicht als Restriktion empfinden, sondern mehr und mehr seine zunehmende Freiheit genießen (die dann ja genialerweise kontrolliert ist). Umgekehrt aber sind Irritationen und Unmut vorprogrammiert, denn kein Hund wird es verstehen, dass er plötzlich begrenzt und eingeschränkt wird und nun mit einem oft enttäuschten und ungeduldigen Besitzer den Grundgehorsam nachholen soll, der in der Anfangszeit versäumt wurde. Er wird nicht so recht verstehen, warum das freie Leben denn nun vorbei sein soll. Leckerchen sind da auch nur ein schwacher Trost.

Dieses Prinzip gilt nicht nur für Welpen und Junghunde, sondern für jeden Bereich der Hundeerziehung und ganz besonders auch für den Reitbegleiter. Auch hier ist es taktisch klüger, den Hund erst einmal mehr zu begrenzen. Lernt er zunächst, an der Leine neben dem Pferd herzulaufen, sein Tempo anzupassen und das Pferd und natürlich den Reiter in den Fokus seiner Aufmerksamkeit zu stellen, dann hat man einen Status quo geschaffen und kann dem (braven) Hund von dieser Grundlage aus wunderbar mehr Freiheiten zugestehen, ohne dass er bei Rückruf in den eingeschränkten Bewegungsbereich das Gefühl hat, er sei in seinen Rechten beschnitten worden und je nach Charakter vehement auf selbige pocht. Und ein Hund, der von Anfang an sehr frei neben, hinter und vor dem Pferd läuft, währenddessen vielleicht auch allerlei eigenen Interessen nachgeht, wird ziemlich schnell alles andere als eher lästig empfinden. Klar sollte der Hund in jedem Fall gehorchen, ob er das nun als mehr oder weniger lästig empfindet. Aber warum sollte man es sich und dem Hund nicht ein wenig einfacher gestalten?

Die Australian Shepherd-Hündin darf auch bei der freien Bodenarbeit dabei sein, denn sie hat gelernt, auf das Pferd zu achten und nicht zu stören.

(hinzu kommt, dass die Mehrzahl der Fluffis sich das Leckerchen ja immer noch abholen dürfen, wenn sie von ihrem Jagdausflug oder ähnlichen Unternehmungen zurück sind, schließlich, so lernt man in der Hundeschule, muss das Wiederkommen ja belohnt werden, egal, wie ärgerlich das Weglaufen war).

Und jetzt mal ganz ehrlich... die Fluffis wären doch schön doof, wenn sie sofort auf ein Kommando reagieren würden!

Der Ausweg wäre, unseren Hunden das Verhalten, das sie zeigen – angenommen Waldi schnüffelt am Busch und zeigt uns die Mittelkralle, wenn wir rufen –, unangenehm zu gestalten. Beispielsweise erschrecken wir unseren Waldi, indem wir uns aufbauen, auf ihn zustampfen und vielleicht ein wenig schimpfen (aber keinesfalls brüllen wir wütend das Kommando!). Waldi wird von seinem Busch aufblicken, wahrscheinlich ziemlich überrascht und leicht beunruhigt, und dann kommt unser Moment. Wir

Die Erziehung des Hundes. Alles im positiven Bereich?

*Obwohl reitende Hundebesitzer interessanter-
weise eher nicht dazu neigen, möchte ich noch
kurz die Erziehung der Hunde über ausschließ-
lich positive Bestärkung ansprechen. Ein recht
großer Teil der Hundebesitzer lehnt nämlich
jeglichen Zwang, geschweige denn den Einsatz
von Strafen bei der Hundeerziehung ab. Ein
wenig vereinfacht bedeutet das: Erwünschtes
Verhalten wird belohnt, unerwünschtes ignoriert. Da es unseren Hunden besser gefällt,
belohnt als ignoriert zu werden, stellt sich das
Wohlverhalten dann schon von ganz alleine
ein. Was sich in der Theorie verführerisch
anhört, funktioniert in der Praxis leider so
nicht. Positive Bestärkung ist eine wunderbare
Methode, Verhalten herauszuarbeiten und
sollte Verwendung finden, wo immer es möglich ist. Aber stellen Sie sich mal vor, Sie sitzen
auf dem Pferd, neben Ihnen zischt ein Hase los
… Fiffi zischt hinterher … Und weil sie ihn während seiner fröhlichen Hatz ignorieren und ihn,
wenn er erschöpft und glücklich zurückkehrt,
was er hoffentlich tut, dafür belohnen, bewir-
ken sie damit, dass der Hund demnächst auf
Jagdausflüge verzichtet. (Weil er es nicht aus-
hält, währenddessen von Ihnen ignoriert zu
werden und sich so über die Belohnung freut,
dass er dann gleich dableibt.) Sie glauben das
nicht? Ich auch nicht. Klar, dieses Beispiel ist
überspitzt, und Anhänger der Methode würden nun entgegnen, dass sie ihren Hund ja
schon lange vor dieser Situation entsprechend
erzogen hätten. Und ganz klar gibt es Trai-
ningssituationen, bei denen man mit Ignorieren des unerwünschten Verhaltens gute
Erfolge erzielt. In der Hundeerziehung gilt es
wie beim Reiten auch, die möglichst feine Hilfe
einzusetzen. Und eigentlich überflüssig zu
erwähnen ist, dass jeder Hund anders ist: Der
eine ist ein selbstbewusster, draufgängerischer
Rüde, dem man schon mal mit Nachdruck
erklären muss, dass es sich bei einem gegebenen Kommando nicht um einen Vorschlag handelt, der andere ist eine sensible Hündin, die
bei durchdachtem Trainingsaufbau tatsächlich
ohne Druck zu führen ist. Meiner Ansicht nach
funktioniert Erziehung aber leider nicht rein
positiv. Egal, wie gewogen unser Hündchen
uns ist, und gleichgültig, wie angenehm wir
ihm das Gehorchen auch gestalten, es gibt
Situationen, in denen unserem Vierbeiner ein
kompromissloses Abbruchkommando geläufig
sein sollte. Ganz besonders eben, wenn wir es
mit zwei unterschiedlichen Lebewesen zu tun
haben, die auch gerne mal eigene Ideen entwickeln, welche unter Umständen auch zu
gefährlichen Situationen führen können.
Gefährlich für den Reiter, den Hund, das Pferd
und auch für unbeteiligte Passanten. Um allen
Missverständnissen vorzubeugen, möchte ich
aber an dieser Stelle betonen, dass ich es völlig
in Ordnung finde, einen Hund wenn nötig zum
Beispiel körperlich zu begrenzen oder auch zu
bedrängen, aber Gewalt in Form von Schlägen,
Schütteln, Stachelhalsbändern, Strom etc. sind
inakzeptabel und meines Erachtens Zeichen
von Inkompetenz auf Seiten des Hundeführers.*

Erziehung muss sein ... Hier wird das »Bleib« eingeübt.

lächeln und säuseln ein freundliches einladendes »Komm«. Wir haben unserem verdatterten Waldi nun die Vorzeichen umgedreht. Am Busch rumzuschnüffeln, ist plötzlich unangenehm geworden. Anstatt des Riechvergnügens (das ja keins mehr ist), ist nun unser Kommando die attraktivere Alternative! Waldi wird so lernen, auf ein freundliches Kommando hin tatsächlich zu reagieren. Und ist er brav gekommen, kann man ihn selbstverständlich auch belohnen. Eigentlich müßig zu erwähnen, dass man dabei WIRKLICH konsequent vorgehen muss!

Ich sehe auch schon alle, die das lesen, zustimmend mit dem Kopf wackeln, während sie denken, dass das nun wirklich keine bahnbrechende Erkenntnis ist ... Nein, ist es nicht, aber die fehlende Konsequenz ist eine der Hauptbaustellen – viele Hundebesitzer haben da eine leicht verklärte Selbstwahrnehmung! Wenn Frau X den Hund ruft, muss er kommen, egal ob Frau X sich, nachdem die ersten beiden »Komms« ungehört verhallt sind, denkt, dass sie ja eigentlich heute viel Zeit hat und wenn es denn da für Schnuffi soo interessant ist ... Nein, soll der Hund

Die Hunde wissen, dass sie in der Nähe bleiben müssen, auch wenn »Frauchen« mit anderen Dingen beschäftigt ist.

zu einem gehorsamen Begleiter erzogen werden, dann muss Frauchen ihre manchmal trägen Massen in Richtung ihres ignoranten Lieblings bewegen und ihm seine Tätigkeit unangenehm gestalten, um ihm dann ein freudiges »Komm« anzubieten. Ob man Zeit hat und Schnuffi gerne seine Schnupperzeit gönnen möchte, muss man sich vorher überlegen und dann eben auch nicht rufen! An dieser Stelle kommt übrigens regelmäßig folgender Einwand: Man habe gehört/gelesen, dass man, wenn der Hund das »Komm«-Kommando ignoriert, einfach

davongehen soll. Das nämlich täte auch der Leitwolf (der nicht zu seinem rangniedrigen Kumpel läuft, um ihn abzuholen) und das Rudelmitglied würde dann folgen. Auf Nachfrage stellt sich heraus, dass dieses System in der Welpenzeit noch funktioniert hat, später allerdings nicht mehr zu befriedigenden Erfolgen geführt hat. Die Auflösung ist ganz einfach. Wäre Frau X in Augen des Hundes der Leitwolf, dann würde er sicherlich folgen, aber dann würde er auch kommen, wenn sie ruft ... Wir kommen um eine Erziehung nicht herum!

Wenn die Hunde daran gewöhnt sind, bleiben sie ohne Kommando in der Nähe, auch wenn der Mensch allein mit dem Pferd beschäftigt ist.

Obwohl diese Ausführungen für ein Reitbegleithunde-Buch schon ziemlich ins Detail gehen, werden sie dem Thema nicht so richtig gerecht. Aber da es meiner Ansicht nach beim gemeinsamen Reiten das A und O ist, dass der Hund in jeder Situation bereit ist, sich mir mit einem gewissen Interesse zuzuwenden und darüber hinaus auch dann noch meinen Anweisungen zu folgen, wenn sie seinen eigenen Interessen widersprechen, wollte ich wenigstens ein paar Denkansätze liefern, die zu einem freudig gehorchenden Hund führen können.

Umweltsicheres Verhalten
Möchte man den Hund am Pferd führen, so ist es ganz wichtig, dass er möglichst umweltsicher ist. Ein Hund, der beim Rattern eines Treckers mit An-

hänger ins Feld flüchtet oder schlimmer noch vor lauter Panik ins Pferd hineinläuft, ist eine ziemliche Belastung. Deswegen sollte man sich die Zeit nehmen und den Hund ganz bewusst und kontrolliert in Situationen hineinführen, von denen man weiß, dass er sich dabei gehörig gruselt (und die man ja meistens der Bequemlichkeit halber zu umgehen sucht). Man gewöhnt ihn z.B. an laute Geräusche, indem man deren Intensität steigert und gleichzeitig durch sein eigenes Verhalten vermittelt, dass es nichts gibt, was er zu fürchten hat, vielleicht füttert man ihn oder spielt ein wenig. Den Hund in Angstsituationen zu trösten, war immer ein absolutes No-go mit der Begründung, mitleidige, liebevolle Worte und Gesten würden das Angstverhalten bestätigen und damit fördern. WAR? Ja, genau, die Front bröckelt und die vorherrschende Meinung unter Hundetrainern tendiert nun eher zu einem Verhalten, das meiner Ansicht nach wesentlich sinnvoller ist: Anstatt den Hund in seiner Unsicherheit und Angst komplett zu ignorieren und das zitternde Tier um jeden Preis einfach ungerührt durch die Situation zu schleifen (und das Ganze, um zu demonstrieren, dass alles ganz normal ist nach dem Motto »Nimm dir ein Beispiel an mir, ich merke gar nix«), ist man nun darauf gekommen, dass ein verständnisvolles und beruhigendes Verhalten auch nicht unbedingt schadet, im Gegenteil sogar viel positivere Ergebnisse erzielt. Das bedeutet im konkreten Fall nun nicht, dass wenn beispielsweise der Mähdrescher als Ungetüm angerattert kommt und unser Schatz sich mangels Fluchtmöglichkeit (er ist an der Leine!) zitternd an den Boden drückt, wir uns wehklagend neben ihn werfen und ihn mit mitleidigen Küssen bedecken. Vielmehr wäre es angebracht, ihm Schutz zu gewähren, indem wir uns demonstrativ und siegesgewiss vor ihn stellen, ihn vor dem Ungetüm abschirmen und ihm mit freundlich zuversichtlichen Gesten Mut zusprechen.

Auf der anderen Seite aber ist es ganz unmöglich, sämtliche Situationen vorwegzunehmen und zu »üben«, deswegen sollte man zusätzlich in jedem Fall viel Bindungs- und Vertrauensarbeit mit dem Hund machen. Denn wenn mein Hund mich als kompetenten Chef ansieht, dann vertraut er sich mir und meinem Urteil auch in Situationen an, in denen er normalerweise die Alternative »Flucht« wählen würde. (Ich sage es ungern, aber auch hier ist ein richtig guter Gehorsam auch mal wieder von großem Nutzen!)

2.3 Erlernen und Festigen sinnvoller Elemente im Hinblick auf das Dreier-Team »Hund, Pferd, Mensch«

Nachdem wir uns mit den eher allgemeinen Voraussetzungen beschäftigt haben, wird es nun konkret und wir kommen zu den »reitbegleithund-spezifischeren« Übungen:

»Weg«/»Achtung«

Gehören Sie zu den Hundebesitzern, die ohne darüber nachzudenken, brav ihren Weg unterbrechen und ausweichen, wenn Ihr Hund einen interessanten Duft in der Nase hat und mit abwesendem Blick vor Ihre Füße läuft? Sie verlangsamen Ihr Fahrrad, wenn Fiffi sich entscheidet, auf der anderen Seite laufen zu wollen? Solange in Ihrer Beziehung alles paletti ist und ihr Schätzchen Sie nicht vom Sofa knurrt oder Sie nicht ins Bett lässt, ist das eigentlich kein Problem. Ich käme nie auf die Idee, meine Hunde hochzuscheuchen, nur weil sie mir im Weg liegen. Rücksichtsvoll wähle ich dann einen anderen Weg, damit meine Goldstücke ja nicht gestört werden. Solange wir zu Fuß oder mit dem Fahrrad unterwegs sind und das Tempo ohne Probleme dosieren können, besteht auch noch kein Handlungsbedarf, aber wenn Sie mit dem Pferd unterwegs sind, sieht die Sache schon anders aus, denn was im gemächlichen Schritt mit einem fein an den Hilfen stehenden Pferd noch gut machbar ist, nämlich dem Hund auszuweichen, beziehungsweise das Pferd abzustoppen, wenn Hund mal etwas knapp den Weg kreuzt, ist im Trab oder gar im Galopp ziemlich gefährlich für einen Hund, der es gewohnt ist, dass er gehen kann, wann und wo er will, und dass alle anderen darauf Rücksicht nehmen. Dies bedeutet aber zum Glück nicht, dass wir nun einen anderen Kurs einschlagen müssen und unter aner-

kennendem Nicken der Null-Dominanz-Toleranz-Fraktion der Hundeauskenner damit beginnen, Schnuffi harschen Tons aus dem Weg zu kommandieren, um mal den Respekt zu erhöhen und die Rangfolge klarzustellen. (Schnuffis In-den-Weg-Getaumel hat übrigens in den seltensten Fällen etwas mit dominantem Verhalten zu tun.) Was hilft, ist die einfache Einführung eines neuen Kommandos: So etwas wie »Pass auf«, »Achtung«, »Weg, Weg«. Egal, wie es genannt wird, der Hund muss wissen, dass es nun an der Zeit ist, das Hinterteil aus

Hier war die Teamarbeit ganz offensichtlich erfolgreich. Harmonie und Vertrauen pur.

dem Weg zu räumen – und zwar schleunigst! Das Kommando soll nicht genervt oder wie eine Strafe klingen, aber ein bisschen Dringlichkeit dürfen Sie schon in die Stimme legen, denn genau das werden Sie unwillkürlich auch tun, wenn Sie gerade galoppieren und Ihr Hund, der bisher brav auf ihrer rechten Seite einen halben Meter vor dem Pferd gelaufen ist, das Tempo plötzlich verlangsamt. Wenn Sie genau sehen, dass er vorhat, einem interessanten Duft auf der anderen Seite des Weges nachzugehen, und dass er bei diesem Vorhaben mit dem galoppierenden Pferd kollidieren wird. Das Ganze kann man wunderbar während des normalen Alltags üben, entweder Sie warten einen Moment ab, in dem Ihr Schatz in Erwartung, dass Sie ja wohl aufpassen werden, vor Ihre Füße läuft oder aber sie provozieren diese Situation ganz einfach … und dann schicken sie ihn mit einem dringlichen Kommando aus dem Weg. Der Deutlichkeit halber sollten sie zunächst auch eindeutige Gesten dazunehmen. Wenn Ihr Hund dann sogleich erschrocken aus dem Weg springt, wunderbar! Jubeln Sie und belohnen Sie ihn, denn er soll ja das Weichen nicht mit etwas Negativem verbinden. Guckt Ihr Hund Sie nur an, als hätten Sie jetzt den Verstand verloren und weist Sie beharrlich darauf hin, welches Verhalten er eigentlich von Ihnen erwartet, müssen Sie Ihrem Kommando Nachdruck verleihen. Rempeln Sie ihn an, bespritzen Sie ihn mit Wasser, lassen Sie eine Rappeldose neben ihm fallen – egal was, wichtig ist nur, dass Hund begreift, auf dieses alarmiert ausgesprochene Kommando folgt mit grenzenloser Sicherheit etwas Unangenehmes! Hat man den (vermutlich erst einmal etwas empörten) Schnuffi in Wallung und aus dem Weg gebracht, ist man natürlich sofort wieder lustig und eine Belohnung gibt´s auch noch. Aber um es noch einmal klarzustellen, der Hund muss ab jetzt nicht jedes Mal, wenn er uns im Weg liegt oder steht oder in den

Weg läuft, durch dieses »Alarm-Kommando« weggescheucht werden. Nur wenn dieses Kommando kommt, muss er prompt reagieren. Meine Hunde wissen, dass dieses Alarm-Kommando zu 90 % in den Bereich Fahrrad/Pferd gehört und sind dort von vorneherein mehr auf der Hut. Und das ist ja langfristig genau der Zustand, den wir haben wollen.

Die Gewöhnung an die Gerte als Begrenzung/Abstandhalter

Die Reitgerte kann uns hervorragende Dienste als Abstandhalter leisten. Viele Hunde neigen in manchen Situationen dazu, zu dicht an das Pferd heranzulaufen, auch wenn sie eigentlich gelernt haben, Abstand zu halten (dazu kommen wir etwas später). Um den Abstand einzufordern, können wir ein vorher etabliertes verbales Kommando einsetzen. Aber es gibt des Öfteren Momente, in denen es sinnvoller ist, einfach einen neutralen Abstandhalter zwischen Hund und Pferd einzusetzen. Mein Asim beispielsweise läuft brav neben dem Pferd, auch wenn uns ein anderer Hund entgegenkommt. Trotzdem kommt es ganz häufig zu folgender Situation: Das Pferd läuft ganz rechts, links daneben läuft Asim und auf der entgegenliegenden Seite kommt uns ein Hund entgegen. Asim ist artig und guckt nur, aber während wir uns so aneinander vorbeischieben, dreht Asim seinen Kopf natürlich zu dem fremden Hund. Die Folge ist, dass er anfängt, schräg zu laufen. Dadurch kommt er dem Pferd immer näher. In diesem Fall leistet die Gerte einen hervorragenden Dienst, indem ich sie einfach wortlos neben den Hund halte und ihn dadurch begrenze. Warum ich den schräg laufenden Hund nicht einfach anspreche? Weil ich damit die Konzentration meines Hundes von dem aktuellen Kommando »dicht« (du bleibst neben dem Pferd, egal, ob sich einen Meter neben dir gerade ein Hund die Lunge aus dem Hals bellt und das Herrchen freundlicherweise den gei-

Die Hunde lernen, die Gerte als Begrenzung und Abstandhalter zu respektieren.

fernden Hund auch noch bis fast ganz auf unsere Seite zerren lässt ...) unterbreche. Und je nachdrücklicher man das »Bleib brav neben dem Pferd«-Kommando geben muss, desto ratsamer ist es, kein neues Kommando hinzuzufügen. Das wird dann gerne mal als Auflösung des alten Kommandos verstanden. Also ist es besser, die Konzentration des Hundes aufrechtzuerhalten und nur die Gerte als taktiles Signal an seine Schulter zu halten.

Damit das reibungslos klappt, sollte man die Hunde aber schon mal »trocken« an die Gerte gewöhnen.

Wie die Pferde auch, müssen sie verstehen, dass eine Berührung oder Begrenzung nichts mit Strafe und auch nichts mit Spielen(!) zu tun hat.

Das Hinten-Kommando

Wenn wir gerade dabei sind, die Hunde an den Einsatz der Gerte zu gewöhnen, sollten wir auch damit beginnen, ein weiteres hilfreiches Kommando einzuüben: das »Hinten«-Kommando. Zum einen leistet es sehr praktische Dienste, denn wird beispielsweise der Weg zu eng, kann ich meinen Hund damit

Meine kleine Mirabelle, die ja aus dem Tierschutz kommt, war gerade am Anfang mit vielen Situationen total überfordert, meinte aber nach Terrierart, dass sie mit der »Ich zeig euch wie gefährlich ich bin und greife am besten mal an«-Methode am besten fährt. Das erste, was dieses Hündchen zu lernen hatte, war, auf Kommando hinter mir zu gehen. Und siehe da, sie ließ sich fantastisch durch alle ihr unheimlichen Situationen führen.

Auf dem Pferd sitzend kommt uns ein stabiles »Hinten«-Kommando noch mehr zu Gute. Mein Asim beispielsweise fühlt sich zum Sheriff berufen. Er fühlt sich unheimlich wichtig, liebt es, die Lage zu checken, läuft mit Vorliebe voraus und würde auch sehr gerne nach eigenem Gutdünken alle Situationen für uns regeln. Also muss ich ihn von Zeit zu Zeit daran erinnern, dass er leider nur der Hilfssheriff ist, der ja auch eine Menge Verantwortung trägt, und wichtig durch die Gegend stolzieren darf. Letztlich muss er aber einsehen, dass der Sheriff auf dem Pferd sitzt. Das »Hinten«-Kommando ist eine effiziente Methode, ihn daran zu erinnern – und zwar ganz ohne Dominanzgetue, Geschrei, Leinengerucke und wie sonst noch hilflose Hundeführer ihren gerade aus dem Ruder laufenden Hund daran zu erinnern versuchen, dass man(n) gerne die Kontrolle über die Situation behielte.

einfach dazu veranlassen, hinter meinem Pferd zu laufen, zum anderen übernimmt der Mensch damit sehr eindeutig und sichtbar die Führung und entlasst den Hund deutlich aus der Verantwortung (die er ja auch ungefragt sehr gerne mal für uns alle übernimmt). Den Hund hinter mich oder hinter mich und das Pferd zu schicken, bedeutet für ihn so viel wie: »Na gut, ich bin raus. Frauchen übernimmt, wenn sie mich braucht, sagt sie Bescheid.« Für unsichere Hunde kommt dieses Kommando oft einer Offenbarung gleich.

So, und weil ich es für eines der hilfreichsten Elemente für entspannte Ritte zu dritt halte, folgt auf der nächsten Seite nun der Weg zu einem perfekten »Hinten«.

Das Stoppkommando und die »Stopphand«

Wie man auf den »Hinten«-Fotos erkennen kann, benutze ich die sogenannte »Stopp«-Hand, um den Hund aufzufordern, Abstand zu halten. Kennen die Hunde dieses Signal, ist das in vielen Situationen rund um das Pferd von Vorteil. Gerade am Anfang,

Fotos Seite 36 und 37: Das »Hinten« üben:
Zunächst gehen wir rückwärts und lassen den Hund mit sehr deutlicher Körpersprache zwar folgen, aber nicht
an uns vorbeilaufen. Versucht er das, schicken wir ihn wieder deutlich zurück. Klappt das, können wir uns schon
ein wenig seitlich in Bewegungsrichtung drehen. Bleibt der Hund auch dabei brav auf Kommando hinter uns,
drehen wir uns vollends in Laufrichtung. Setzt der Hund doch zum Überholen an, muss er wieder deutlich kör-
persprachlich begrenzt werden. (Es ist übrigens am einfachsten, diese Übung in einer Gasse zu beginnen, die
dem Hund das Überholen schwer macht.) Auch schon bei dieser »Trockenübung« am Boden sollte die Gerte als
Begrenzung nach vorne eingesetzt werden, denn die brauchen wir später vom Pferd aus. Wichtig: Belohnen
nicht vergessen!

Läuft der Hund in der Position direkt hinter dem Reiterbein, befindet er sich im absoluten Kontrollbereich.

wenn wir unseren Hunden beibringen müssen, dass sie nicht so dicht an das Pferd heranlaufen, und der Hinterhand gebührende Aufmerksamkeit schenken, leistet die »Stopp«-Hand, verbunden mit einem verbalen Kommando, gute Dienste. Das verbale »Kommando« lautet bei uns »Oh, oh« oder »Na, na«. Das ist eigentlich kein echtes Kommando, aber das hängt damit zusammen, dass die »Stopp«-Hand hauptsächlich ein visuelles Zeichen ist, das meist im Zusammenhang mit einem konkreten

Kommando angewandt wird. Also beispielsweise beim »Hinten«-Kommando als sichtbare Unterstützung oder auch zur Untermauerung des Kommandos »Bleib«, zu dem wir nun gleich kommen werden.

Das »Bleib«-Kommando

Kaum ein anderes Kommando ist so hilfreich für den Reiter (ob am Boden oder auf dem Pferd) wie das »Bleib«.

Asim bleibt brav an der zugewiesenen Stelle, bis ich ihn wieder abhole.

Die Mehrzahl aller Hundebesitzer verwendet das »Bleib« immer zusammen mit dem Kommando, in dem der Hund dann bleiben soll. Also »Platz und Bleib« oder »Sitz und Bleib« usw. Das ist allerdings doppeltgemoppelt und unpraktisch. Es resultiert daraus, dass der Hund das eigentliche Kommando – also beispielsweise das Kommando »Platz« – nicht korrekt gelernt hat. Ein »Platz« beinhaltet selbstverständlich das »Bleib«, denn ansonsten hieße das ja, dass der Hund sich zwar ins Platz legt, aber nach

Gutdünken entscheiden kann, wann er denn genug davon hat.

»Halt«, »Sitz«, »Platz« muss der Hund einhalten, bis das Auflösungskommando kommt!

Heißt das also, wir brauchen gar kein »Bleib«? Doch! Denn dieses Kommando macht es unseren Hunden etwas einfacher, schließlich beinhaltet es nur die Aufforderung, an dem Platz zu bleiben, an dem sich der Hund gerade befindet oder an den wir ihn schicken. Ob er zunächst sitzt und sich dann, wenn er

Der Reitbegleiter sollte »bleiben«, während der Reiter aufsteigt.

merkt, es wird länger dauern, hinlegt, ist gleichgültig. Im Gegensatz dazu müsste ich meinen Hund korrigieren, wenn ich ursprünglich das Kommando »Sitz« gegeben habe und unser Schatz sich dann gemütlich hinlegen möchte. Okay, das ist pingelig, aber wenn der Hund die Kommandos zuverlässig befolgen soll, dann muss ich auf Einhaltung achten. Ein Hund, der auf Kommando zuverlässig »bleibt«, macht uns das Leben so viel leichter. Schon am Stall kann ich mich über einen Hund freuen, der brav am Rand der Weide geparkt werden kann, während ich das Pferd hole, egal ob beim Putzen oder ob ich das

Pferd kurz stehen lassen muss, weil ich etwas holen möchte. Wenn ich weiß, mein Hund wird seinen Platz nicht verlassen, ist das eine enorme Hilfe. Andere Reiter mit ihren Pferden, Besucher, Tierarzt, Hufschmied etc., alle schätzen es, wenn ihnen kein Hund um die Beine wuselt, fremde Leckerchen frisst, die Pferde ankläfft usw.

Während des Reitens auf dem Reitplatz ist es ebenfalls viel angenehmer, wenn der Hund auf dem ihm zugewiesenen Platz bleibt, als wenn er sich rund um die Bahn selbst beschäftigt, Löcher buddelt, oder vielleicht auch mal auf »Toilette« geht. Oft bekommen wir selbst davon gar nichts mit, denn wir sind ja mit unserem Pferd beschäftigt, aber unsere Mitreiter und besonders der Stallbetreiber sind in der Regel von sich selbst beschäftigenden Hunden nicht sonderlich angetan. Und während ein Hund, der nicht zuverlässig an seinem ihm zugewiesenen Platz wartet, im Alltag und auch am Stall zwar etwas lästig, aber durch Festbinden handelbar ist, wird das vom Pferd aus unmöglich.

Wenn wir während der Ausritte unserem Hund ein lässiges »Bleib« zurufen, das er dann auch befolgt, und Jogger, Fahrradfahrer etc. ungehindert passieren können, erntet man viele überraschte Dankeschöns. Am Wichtigsten aber ist ein »festgetackerter« Hund, wenn wir in eine Gefahrensituation geraten; mein jüngeres Pferd beispielsweise findet Trecker, womöglich noch mit Anhänger, zum Fürchten. Kommt mir also ein solches Monster entgegen, parke ich als erstes einmal meinen Hund – und zwar – und das ist wichtig – nicht in Fluchtrichtung des Pferdes! Dann kann ich mich voll und ganz auf mein zappelndes Pferd konzentrieren, ohne Angst haben zu müssen, dass mein Hund vielleicht unter die Hufe gerät, oder aber in dem Versuch, den Hufen auszuweichen, genau vor den Trecker läuft. Es ließen sich noch so viele Situationen schildern, die ein festes »Bleib« erforderlich machen, aber ich glaube, ich konnte verdeutlichen, warum es so wichtig ist, dass der Hund im »Bleib« verharrt, bis das Kommando aufgelöst wird.

Und genau das ist meistens der Knackpunkt. Die Hunde befolgen das Kommando zwar zunächst, aber meist bemerken wir gar nicht, dass unser Schatz entschieden hat, dass es langt, aufsteht und interessanteren Dingen nachgeht. Und wenn wir es dann bemerken, ist es häufig noch so, dass wir den Hund zwar wieder in sein Kommando zurücklegen, aber aus Sicht des Hundes bedeutet das leider, dass

Konzentriertes Arbeiten auf dem Reitplatz, während der Hund zuverlässig auf seinem Platz bleibt.

sich das Aufstehen auf jeden Fall schon gelohnt hat. Selbst wenn ein bisschen geschimpft wird, ist das für den Hund allemal der interessantere Ablauf als ein Verharren im Kommando. Und oft ist es sogar so, dass wir schon selbst vergessen haben, dass wir unseren Hund eigentlich ins »Bleib« gelegt hatten. Nun ja, da ist klar, dass dieses Kommando irgendwie keine Chance hat.

Was also ist zu tun?

Man fängt wie immer klein an. Üben kann man überall. Wichtig ist, dass man den Hund zunächst

Sinnvolles Auflösewort

Bei uns ist das Auflösewort übrigens »Okay« – ich würde aber dringend zu einem anderen raten, denn dieses Okay ist einfach viel zu sehr in dem normalen Sprachgebrauch integriert. Ein kleines Beispiel: Ich reite aus, entgegen kommt ein Hund, den Asim so rein gar nicht leiden kann. Ich bleibe stehen, Asim bekommt das Kommando »Sitz«, ich höre ihn quasi mit den Zähnen knirschen, aber er ist artig. Der Besitzer des anderen Rüden ruft mir zu, dass er in einen anderen Weg abbiegen wird, und ich lächle freundlich und sage »Okay«. »Danke« hatte ich noch anfügen wollen, aber dazu kam ich nicht mehr, weil nämlich auf das »Okay« ein schwarzer Blitz neben mir losraste.

Auch hier ist ein funktionierendes Abbruchkommando Gold wert. Ich konnte meinen enttäuschten Asim tatsächlich nach wenigen Metern stoppen. Er hatte nichts falsch gemacht. Er hatte auf sein Auflösungskommando gelauert, um dem anderen Hund mal so richtig von Mann zu Mann zu erklären, dass es nur einen geben kann, und ich war so doof, ihm genau dieses Kommando zu geben, auch wenn ich das nun ganz bestimmt nicht wollte. Also besser ist so etwas wie »Fertig«, »Lauf« etc. Ich bemühe mich übrigens auch gerade um Umstellung, aber ich fürchte, Asim wird dieses »Okay« auf immer und ewig als »Auflösung« nehmen, also bleibt mir nichts anders übrig, als mich ein bisschen besser zu konzentrieren.

Mirabelle übt das »Bleib«, während Asim mit mir spielt.

genauestens beobachtet und die Zeit, die er auf seinem ihm zugewiesenen Platz verharren muss, recht kurz ist.

Eine große Bedeutung kommt bei dieser Übung der korrekt gegebenen Belohnung zu. Der häufigste Fehler ist folgender: Waldi hat brav im »Bleib« verharrt, sein Besitzer freut sich und denkt auch daran, das Kommando aufzulösen, damit Waldi nicht dazu verleitet wird, selbst zu entscheiden, wann die Übung beendet wird.

Nach dem Auflösewort springt Waldi erfreut auf und läuft zu seinem fröhlich lachenden, hüpfenden und in die Hände klatschenden Besitzer (der Waldi ja zeigen möchte, wie fein er das findet), um sich das verdiente Leckerchen abzuholen. Dies wäre der übliche Ablauf, aber das geht besser oder anders ausgedrückt wesentlich zielgerichteter.

Die Belohnung gibt´s am »Bleib«-Platz.

Mirabelle im »Bleib« unter erschwerten Bedingungen.

Beginnen sollte man zunächst damit, den Hund zu belohnen, bevor man ihn aus dem Kommando entlässt (das gilt für die Zeit, in der man das Kommando etabliert, später ist das anders), denn es ist von Vorteil, wenn der Hund das Leckerchen noch am Platz frisst, bevor er dann aufspringt. Förderlich ist auch, das Leckerchen nicht jedes Mal aus der Hand zu futtern, sondern ruhig mal auf den Platz zu krümeln, an dem Waldi zu »bleiben« hat.

Dieser Platz ist zunächst mit Bedacht auszuwählen. Wenn wir das Bleib-Kommando an einer Stelle ausführen lassen, die Bello nicht ohne Weiteres verlassen kann oder die zumindest optisch abgegrenzt ist, machen wir es ihm ein wenig einfacher. Unterwegs können wir einen Baumstamm wählen, zu Hause einen Hocker, einen Stuhl, einen Teppich oder ein Handtuch. Vorteilhaft ist es dabei, nicht etwa immer dasselbe Handtuch zu wählen, um den Hund nicht auf eine bestimmte Unterlage zu fixieren.

Die »Bleib«-Zeit wird allmählich gesteigert, wichtig ist zum einen, den Hund immer wieder während des »Bleibens« zu bestätigen, das bedeutet aber, dass wir zu dem Hund gehen müssen, um ihn am »Bleib«-Platz zu belohnen, und um ihm zu bedeuten, dass wir zwar registrieren, wie brav er ist, dass er aber noch ein bisschen ausharren muss. Wenn das Kommando später sitzt, sollte man dem Hund unbedingt auch immer mal wieder signalisieren, dass wir sehr wohl bemerken, wie schön er »bleibt«, aber da reicht ein Blick und ein freundliches Wort. Gerade bei Kommandos wie diesen vergessen wir unseren Hund nämlich gerne mal, solange er artig

Hund auf Distanz halten beim Belohnen

Folgender Grundsatz gilt bei allen Elementen, die mit Distanz zu tun haben, auch beim Zurückschicken: Egal, ob der Hund mit Leckerchen oder Spielzeug belohnt wird, lassen Sie ihn nicht (nach Auflösung des Kommandos!) zu Ihnen flitzen, um dort seine Belohnung abzuholen, sondern holen Sie ihn entweder ab oder aber werfen Sie die Belohnung hinter den Hund, damit er, wenn er bereits auf seine Belohnung hinfiebert, nicht die Tendenz hat, Stück für Stück heranzurücken, sondern eher von Ihnen weg tendiert.

ist, und fangen erst wieder an, ihn zu bemerken, wenn er sich entschieden hat, das Kommando selbst aufzulösen. Auf diese Weise wird es natürlich nicht unbedingt Waldis Lieblingskommando.

Sind wir der Meinung, unser Hund war prima, können wir das Kommando auflösen. Wir sollten dabei am Anfang immer darauf achten, dass wir den Hund am Platz belohnen und direkt abholen, damit die Tendenz, zu uns zu laufen, so gering wie möglich ist. Auch später, wenn der Hund das »Bleib« schon sicher beherrscht, ist es absolut sinnvoll, die Leckerchen- oder Spielzeug-Belohnung immer zum Hund, besser noch hinter ihn zu werfen. Damit richten wir seine Erwartungshaltung von uns weg in die Distanz und vermeiden es, dass er schon mal ganz erwartungsfroh in unsere Richtung rückt.

Bei Reitbegleithunden hat es sich bewährt, nach Auflösung des Kommandos während der Beloh-

nung keinen »Budenzauber« zu veranstalten. Während in vielen Situationen des Hundetrainings eine fröhliche, quietschende Begeisterung des Besitzers absolut angebracht ist, weil sie den Hund motiviert, sollte man sich in diesem speziellen Fall ein wenig ruhiger verhalten. Der Grund: Wenn man seinen Hund dazu motiviert hat, bei Auflösung des Kommandos fröhlich und begeistert herumzuhüpfen, kann das in manchen Situationen problematisch sein. Denn wenn der Hund abgelegt wurde, um das Pferd in Ruhe durch eine brenzlige Situation zu führen, kann es sein, dass unser großer Vierbeiner sich gerade einigermaßen beruhigt hat, aber dann den sich feiernden, hüpfenden kleinen Vierbeiner gerne wieder als Auslöser für erneute Zappeleien nimmt. Deswegen: Üben Sie das ruhige Beenden des »Bleib«.

In der Übungszeit sollte das »Bleib«-Kommando aufgelöst werden, bevor unser Hund anfängt, unruhig zu werden, oder bevor er aufsteht und wir korrigierend eingreifen müssen. Allmählich wird der Schwierigkeitsgrad erhöht, die Zeit wird verlängert und die Distanz zu uns erweitert. Wir fangen an, uns mehr zu bewegen. Um es noch schwieriger zu gestalten, sollten wir auch mal ein wenig mit dem Lieblingsspielzeug von Waldi wedeln und mit seiner Leckerchentüte rascheln. Wenn Sie damit beginnen, aus dem Blickfeld Ihres Hundes zu verschwinden (zunächst für kurze Zeit), sollten Sie das anfangs so gestalten, dass nur er Sie nicht sieht, Sie ihn aber schon, damit Sie ihn rechtzeitig ermahnen können. Oder aber Sie bitten eine Hilfsperson, den Hund im Auge zu behalten und notfalls einzugreifen.

Wo anfangs noch geeignete Orte für die Übung ausgewählt wurden, ist es nun an der Zeit, das »Bleib« überall abzufragen. Und wenn das dann sitzt, dann kommt das »Bleib« aus der Bewegung, was für den Hund nicht so ganz einfach ist, weil er auch auf Distanz hören muss. Es fällt den meisten Hunden schwer, aus der Bewegung zu verharren, während rundherum die Bewegung weitergeht. Das Pferd läuft weiter, der Fahrradfahrer fährt vorbei etc. Üben Sie diese Variante zunächst mit einem Bodentarget. Das Targettraining kennen Sie sicher aus Ihren Trainingsstunden in der Hundeschule. Mit dem Target ist ein anzulaufender Zielpunkt gemeint. Mit Hilfe eines solchen Zielpunktes kann man dem Hund bei den verschiedensten Übungen Hilfestellung leisten, da der Hund immer einen festen Anlaufpunkt hat. Wählen Sie hierfür einen

Freunde

Teppich, ein Handtuch oder Ähnliches. Dies macht vor allem im anfänglichen Aufbau der Übung Sinn. Der Einsatz des Bodentargets führt zu weniger Fehlversuchen und dadurch zu einer höheren Belohnungsfrequenz. Der Hund empfindet so weniger Frust und ist motiviert mitzuarbeiten, weil er das Training als lohnend erlebt.

Führen Sie den Hund am Target entlang und bedeuten ihm zunächst wieder körpersprachlich sehr deutlich, dass er dort zu bleiben hat, während Sie weitergehen. Denken Sie daran, die Belohnung wieder zu ihm hinzuwerfen. Dann bauen Sie die Hilfsmittel nach und nach ab und üben das »Bleib« aus der Bewegung aus allen Situationen und überall. Wahrscheinlich muss das Kommando auf Distanz trotzdem noch gesondert geübt werden, denn viele Hunde, die zwar wunderbar an einem zugewiesenen Platz bleiben und das auch aus der Bewegung heraus beherrschen, haben ein großes Problem damit zu wissen, was gemeint ist, wenn sie 20 m von uns entfernt sind und das Kommando »Bleib« befolgen sollen. In 95 % der Fälle kommt nämlich dann unser Schatz leicht verunsichert und dadurch auch noch um einiges verlangsamt angewackelt, bis er vor oder neben uns steht, um das »Bleib« so zu machen, wie er es kennt, nämlich dirckt bei uns. Diesen Knoten im Kopf des Hundes kann man recht schnell lösen. Er ist ja willig, kann nur das Kommando in der Distanz nicht übereinbringen mit dem »Bleib«, das er bisher immer in unserer Nähe gezeigt bekommen hat.

Zeigen Sie ihm dann einfach, was Sie meinen, indem Sie die Entfernung bei der Kommandogabe langsam steigern, so vermeiden Sie es, den Hund zu verunsichern und ersparen ihm und sich Fehler und Korrekturen.

Eins noch zu diesem Thema: Geben Sie nicht zu früh auf, dazu ist dieses Kommando für einen harmonischen und risikoarmen Umgang mit Hund und Pferd zu wichtig. Es gibt Hunde, die brauchen einfach länger. Klar liegt das zum einen an seiner Vorbildung. Ein Hund, der es bereits gewohnt ist, auf uns und unsere Wünsche zu achten, lernt alles schneller, aber es gibt eben auch Hunde, bei denen man einen richtig langen Atem braucht.

Während mein Asim zu meiner großen Begeisterung nie Probleme damit hatte und schon in der Anfangszeit auch in für ihn schwierigen Situationen »geblieben« ist, empfindet unsere Border Collie-Dame Maeve dieses Kommando scheinbar als eine persönliche Beleidigung und weit unter ihrer Würde. Während Asim in seinen dreieinhalb Lebensjahren nicht ein einziges Mal eine Auffrischung benötigte, ist es für Maeve jede zweite Woche wieder eine unangenehme Überraschung, erfahren zu müssen, dass wir immer noch auf Einhaltung bestehen.

Wenn Sie Ihren Hund neben dem Reitplatz oder dem Longierzirkel ins »Bleib« legen, dann sollte er das Kommando am besten bereits wirklich beherrschen. Oder aber Sie nehmen das Ganze als Trainingszeit für den Hund, denn Sie werden ständig ein sehr waches Auge auf ihn haben müssen und ihn notfalls auch immer wieder korrigieren. Sonst lernt er sehr schnell, dass das »Bleib« in diesen Situationen wohl gar nicht so gemeint ist.

»Dicht« – oder wo läuft der Hund?

Kommen wir nun zu der Frage, wo der Hund am Pferd laufen sollte und wie wir das am besten vorbereiten. Es gibt – und das ist keine Überraschung – die unterschiedlichsten Meinungen dazu.

Wenn das Pferd ein ausgeglichener Hundefreund ist, wir viel Platz haben und auf niemanden Rücksicht nehmen müssen, dann kann der Hund seinen Platz (in einem von uns abgesteckten

Rahmen) selbst wählen. Aber natürlich brauchen wir für unseren Begleiter einen festen Platz, an den wir ihn während des Reitens dirigieren können und an dem er ohne ständige Erinnerung oder Einwirkung auch zuverlässig in jedem Tempo bleibt.

Bewährt hat es sich, wenn der Hund im Bereich zwischen der Pferdeschulter und unserem Bein läuft. Einerseits sieht der Reiter seinen Hund so ohne Probleme, andererseits haben sich auch Hund und Pferd gegenseitig im Blick, was dann besonders von

Vorteil ist, wenn wir die Richtung wechseln oder das Pferd scheuen sollte. Das Pferd wird vermeiden, auf den Hund zu treten, und der Hund hat die Möglichkeit, auszuweichen. Diese Position ist nicht auf den Zentimeter festzulegen. Das Kommando dazu heißt bei mir »Dicht«. Viele wählen hier das Kommando »Bei Fuß«. »Bei Fuß« ist aber eines der unbeliebtesten Kommandos überhaupt, nicht nur beim Hund, sondern auch beim Menschen. Ein gequältes Wischiwaschi, ein Neben-, Vor- und Hinterher-

Wenn der Hund seine Positionskommandos kennt, kann man sie durch verschiedene Übungen festigen.

Das »Bleib« ist »vorführsicher«.

Gelaufe, bestehend hauptsächlich aus permanenter Korrektur, planlosem Geschimpfe, Geziehe, Gerucke und viel Generve. Wenn man als Hundeführer mit diesem Zustand zufrieden ist, kann man sein »Bei Fuß« natürlich auch so belassen. Allerdings sollte man diesen recht unbefriedigenden Zustand nicht auf das Pferd übertragen, denn was »von unten« schon nervig ist, kann man vom Pferd aus eigentlich gleich lassen.

Ich habe mich, was das »Bei Fuß« anbelangt, vom Saulus zum Paulus gewandelt. Meine Hunde und ich waren im »Bei Fuß« das personifizierte Wischiwaschi, es war ein Trauerspiel. Irgendwann habe ich beschlossen, dass es so nicht mehr weitergeht und habe das »Bei Fuß« komplett neu, ganz von vorne aufgebaut. Keine Angst, ich erspare Ihnen die Einzelheiten, nur so viel, ich habe dieses Element aufgebaut wie einen Trick. Mit Spielen, Futter und Hurra und in kleinsten Schritten. Nun sind die »Bei Fuß«-

Positionen (es gibt 18!) ein Riesenspaß, sowohl für die Hunde als auch für mich, aber am Pferd absolut nicht zu gebrauchen. »Bei Fuß« ist ein Element, bei dem der Hund und ich uns vollkommen aufeinander konzentrieren und das ich nur verlange, wenn ich weiß, er kann es auch ausführen. So würde ich niemals »Bei Fuß« sagen, wenn auf der anderen Straßenseite einer von den vielen Ridgebacks kläfft. (In unserer Gegend hat es zwar etwas länger gedauert, bis man begriffen hatte, wie gut einem doch ein Rigdeback steht, dafür aber schlug sich diese späte Erkenntnis durch überproportionales Rigdeback-Aufkommen in den Neubaugebieten nieder.) Denn in dieser Situation ist mein Hund nicht in der Lage, ein konzentriertes und vor allem auch fröhliches »Bei Fuß« mit Blick zu mir abzuliefern. Würde ich dieses Element in dieser Situation verlangen, dann würde ich es mir in allerkürzester Zeit verderben. Von einem motiviert ausgeführten, geliebten Trick,

Der Hund muss wissen, wie dicht er am Pferd laufen soll.

der für meinen Hund absolut positiv besetzt ist, würde dieses Element ganz schnell zu einem unpräzisen, und da ich ständig korrigieren müsste, auch unbeliebten Übel werden. Die Lösung: Mein »Alltags-Bei Fuß« heißt »Dicht« und bedeutet für meine Hunde: Ihr dürft hingucken, wo immer ihr möchtet, ihr dürft ein wenig vor mir oder hinter mir

gehen und müsst auch nicht direkt an meinem Bein kleben. Das ist für die Hunde viel angenehmer, sie nehmen immer ihre Umwelt aktiv wahr, interagieren auch mit ihr, was sie aber tun müssen, ist eben »dicht« bei mir zu bleiben. Entfernen sie sich weiter als ca. 40 cm in irgendeine Richtung von mir weg, gibt es einen kurzen Warnlaut und sie müssen wie-

Wissen die Hunde, an welcher Stelle sie laufen sollen, sind auch zwei Hunde gut handelbar.

der »dichter« kommen. Dieses Kommando zu etablieren, dauert erfahrungsgemäß nicht besonders lange, wichtig ist absolute Konsequenz und zunächst auch ständige Kontrolle, um sofort eingreifen zu können. Es gibt immer wieder Zeiten, in denen man dazu nicht in der Lage ist oder ganz einfach auch keine Lust hat. Das ist völlig in Ordnung. Wichtig ist nur, dass man in diesem Fall das Kommando gar nicht erst gibt, sondern entweder den Freilauf gewährt oder aber den Hund kommentarlos an der Leine führt. (Und wenn er dann zerrt,

dann lassen Sie ihn entweder einfach zerren, oder aber, wenn Sie das zu sehr nervt, geben Sie ein entsprechendes Kommando, was Sie dann auch durchsetzen müssen.)

Das »Dicht« vom Spazierengehen auf das Laufen neben dem Pferd zu übertragen, ging bis jetzt immer reibungslos. Die Hunde nehmen sofort eine Position nahe am Reiterbein ein. Möchte man sie tendenziell ein wenig weiter vorne positionieren, reicht es in der Regel aus, die Hunde nach einem brav absolvierten »Dicht« nach vorne zu bestätigen.

»Bei Fuß« ist am Pferd nicht zu gebrauchen.

Asim kennt seine »Dicht«-Position auch in aufregenden Situationen.

Wenn der Hund während des Reitens zufällig ein bisschen weiter vorne (oder eben dort, wo Sie ihn am allerliebsten haben möchten) läuft, dann belohnen Sie ihn einfach in genau diesem Moment.

»Zurück«

Die letzte Vorbereitungs-Trockenübung für den zukünftigen Reitbegleiter ist das Kommando »Zurück«. Wenn Sie sich bereits durch meine Ergüsse zum Thema »Bleib« gekämpft haben, dann ist das »Zurück« ein Kinderspiel. Denn auch das

»Zurück« gehört zu den Distanzkommandos und hier greifen exakt die gleichen Grundsätze. An dieser Stelle noch das Handwerkszeug: Beim Reiten oder auch beim Umgang mit Hund und Pferd am Boden, kommt man immer wieder in Situationen, in denen man den Hund in alle Richtungen von uns und dem Pferd wegschicken möchte.

Wie bringt man dem Hund nun das Rückwärtsgehen auf Kommando bei?

Manche Hunde legen schon den Rückwärtsgang

Ein neues Kommando etablieren

Wenn man einem Hund ein bisher unbekanntes Kommando beibringen möchte, oder aber ein bisher unbefriedigend ausgeführtes Kommando neu aufbauen möchte, gibt es ein paar Regeln, die dieses Vorhaben enorm erleichtern. Der Einfachheit halber nehmen wir das Kommando »Dicht«. Bevor wir das vom Pferd aus fordern, sollte unser Hund natürlich schon mal wissen, was es bedeutet. Wie also etabliert man ein Kommando? Dazu muss man wissen, dass Hunde nonverbale Kommunikatoren sind. Das bedeutet, sie reagieren in erster Linie auf unsere Körpersprache. Wir versuchen deswegen, unserem Hund, das Kommando zunächst körpersprachlich begreiflich zu machen und – und das ist wichtig – vermeiden es anfangs, das angestrebte Kommando auszusprechen. Erfahrungsgemäß ist bei den meisten Hundebesitzern der Ablauf folgendermaßen: Man beginnt sofort damit, das Kommandowort einzusetzen und zieht den Hund mithilfe von Leine und Leckerchen in den gewünschten Bereich, genauer gesagt: Fluffi ist an der Leine, Frauchen hat vor, ihm heute beizubringen, dass er auf »Dicht« in dem »Dicht«-Bereich zu bleiben hat, und zieht ihn jedes Mal mit den Worten »Nein, Fluffi, Dicht!« zurück in den gewünschten Bereich. Ist er dort angekommen, sieht er sein Frauchen – wenn´s gut läuft – fragend an und bekommt dann noch ein Leckerchen zwischen die Zähne geschoben. Schließlich ist er jetzt dort,

wo er hin soll und das, so hat Frauchen gelernt, muss ja dann auch belohnt werden. Diese Situation wiederholt sich viele, viele Male. Das Resultat ist ein Hund, der auf das Kommando »Dicht« kurz umdreht, weil er auf ein Leckerchen hofft, aber ansonsten überhaupt keine Ahnung hat, was Frauchens Gequatsche soll. Ist er gutwillig und grundsätzlich an einem Austausch mit »Mama« interessiert, wird er auf das »Dicht«-Kommando mal gucken, was los ist, und dann auf für ihn verständlichere körpersprachliche Anweisungen reagieren. (Das Klopfen an den Oberschenkel, den Gebrauch der Leine etc., alles Dinge, die wir ständig unbewusst tun.) Aber macht Frauchen dann mal die Probe aufs Exempel und sagt nur das Kommando, wird sie feststellen, dass Fluffi nicht von ganz alleine den »Dicht«-Bereich einnimmt und dort bleibt. Und zwar nicht, weil Fluffi doof oder unwillig wäre, nein, für Fluffi ist »Dicht« das Wort, das Frauchen sagt, wenn sie an der Leine zieht. Als Kommando ordnet er das nicht ein, wie auch? Fluffi hat keine Vorstellung von der Bedeutung des Wortes. Alles, was er durch diese Methode mit dem Begriff »Dicht« verbinden kann, ist: »Wenn's an der Leine zieht, heißt das wohl dicht.« Dass da nach und nach so etwas Ähnliches, wie das von uns erwünschte Element herauskommt, nur eben unzuverlässig und total unpräzise, liegt daran, dass die meisten Hunde wirklich sehr nett und bemüht sind *und versuchen, aus unserer hilflosen Flut aus Kommandos und Beiwörtern (»Oh, nein, nicht ziehen, du sollst doch jetzt endlich mal dicht gehen.«) herauszufiltern , was eigentlich gemeint sein könnte. Man kann es Fluffi wesentlich einfacher machen, indem man genau das Verhalten mit dem entsprechenden Kommando belegt, das man auch haben möchte. Man führt das Kommando also nicht in dem Moment ein, in dem der Hund gerade genau nicht macht, was wir wollen, sondern bedeuten ihm körpersprachlich, freundlich, fröhlich, wo er gehen soll, ruhig auch mit Zuhilfenahme von Leckerchen oder Spielzeug. Wenn wir dann den Eindruck haben, dass er zu verstehen beginnt, wo er gehen soll, dann belegen wir genau diese Situation mit dem Kommando. »Dicht« ist dann: »Ich gehe ganz nah bei Frauchen, das macht sogar Spaß, denn sie ist fröhlich und entspannt dabei.« Löst sich der Hund zu weit aus dem Bereich, so korrigieren wir nicht mit dem Wort »Dicht«, sondern sagen »Nein, nein« oder drücken über einen anderen Laut Unbehagen aus, holen ihn wieder in den »Dicht«-Bereich. Wenn er da ist, sind wir sofort wieder fröhlich und belegen diese Situation erneut mit dem Kommandowort. Wenn das Kommando etabliert ist, dann kann man es selbstverständlich auch zur Korrektur einsetzen. So geht das mit allen Kommandos. Sie werden sehen, wie schnell Ihr Hund lernen kann, er muss nur die Chance haben, zu verstehen.*

ein, wenn man sich ein wenig in ihre Richtung nach vorne überbeugt und unterstützend vielleicht mit der Hand noch entsprechende wegschiebende Gesten macht, aber die meisten Hunde machen es uns nicht ganz so leicht. Bestenfalls setzen sie sich hin und beobachten gespannt die Verrenkungen, die da vielleicht noch folgen. Es gibt viele verschiedene Möglichkeiten, dem Hund das Kommando nahezubringen. Am leichtesten geht es, indem wir ihn zwischen die Beine nehmen (nicht klemmen!), ihm wenn nötig ein Leckerchen vor die Nase halten und uns mit dem Hund in dieser Position vor- und zurückbewegen. Wenn das geschmeidig klappt, schieben wir unseren Schatz bei der Rückwärtsbewegung immer ein Stückchen weiter, also ein wenig rückwärts heraus aus unseren Beinen. Wenn er das problemlos macht, wird die Rückwärtsbewegung mit dem Kommando belegt. Der nächste Schritt wäre dann, dass wir uns, wenn Fluffi rückwärts aus der »Zwischen-den-Beinen«-Position herausgelaufen ist, zu ihm umdrehen und ihn auffordern, noch weitere Schritte rückwärts von uns weg zu machen. Und das war es schon. Mit ein bisschen Übung gelingt das ganz schnell – und nicht vergessen, Distanzübungen werden von uns weg belohnt!

2.4 Der Drahtesel wird gesattelt. Üben vom Fahrrad aus.

Die verschiedenen Richtungskommandos übt man am besten vom Fahrrad aus. Für den Hund sind viele Elemente, die er neben dem Fahrrad beherrscht, sehr gut auf die Situation am Pferd übertragbar. Während es manchmal vorkommt, dass ihm Dinge, die er schlafwandlerisch beherrscht, wenn wir neben ihm stehen, plötzlich vollkommen unbekannt erscheinen, wenn wir sie vom Pferd aus geben, scheint er Fahrrad und Pferd einigermaßen gleichzusetzen. Das ist der eine Aspekt, der andere

Seitenwechsel hinten mit Leine.

Seitenwechsel vorne.

»Bleib« aus der Bewegung.

ist praktischer Natur, denn fahrradfahrend können wir viele Richtungs-Elemente einfach besser simulieren und die anderen Kommandos aus veränderter Position und mit höherer Geschwindigkeit überprüfen und festigen.

Die Richtungskommandos

Wir üben zunächst im Stehen, wir wollen ja nicht Gefahr laufen, den Hund anzufahren. Wir weisen mit deutlichen Gesten zunächst auf die Seite, auf der der Hund laufen soll, und bestätigen ihn dort mit einer Belohnung. Dann schicken wir ihn auf die andere Seite des Fahrrades und belohnen ihn dort. Das Kommando, das ich dafür benutze, heißt »Lauf links« oder eben »Lauf rechts«. (Achtung, kompliziert wird's, wenn der Hund vor Ihnen steht, dann müssten Sie das spiegelverkehrte Kommando geben, es sei denn, die Seiten sind fest benannt. Ich löse das Problem, indem ich dann das Richtungswort ganz einfach weglasse und durch eine Zeigegeste – er steht ja in Blickrichtung zu mir – bedeute, an welche Seite er kommen soll.) Allmählich beginnt man dann, die Kommandos während des Fahrens zu geben und lässt den Hund sowohl vor, als auch hinter dem Fahrrad die Seite wechseln. Und wenn Sie das Ganze mit Leine gestartet haben, sollten Sie es mal ohne üben und umgekehrt!

Zum Thema An- und Ableinen des Hundes während des Reitens kommen wir noch ausführlicher, aber, da wir gerade beim Fahrrad sind: Eine elegante Methode, den Hund an- oder abzuleinen, ist, ihn an Ihrem Bein ansteigen zu lassen, entweder vom Boden aus, wenn der Hund groß genug ist, oder von einer Erhöhung. Auch das sollten Sie ihn ein paar Mal machen lassen, während Sie auf dem Fahrrad sitzen, sodass er später am Pferd weiß, wo die Pfoten hingehören, nämlich nicht an den Pferdebauch. Er muss verstehen, dass es grundsätzlich erlaubt und erwünscht ist, dass er auf ein entsprechendes Kommando hin seine Pfoten auf Frauchens Hose stellt.

Bevor wir nun das Fahrrad zurück in den Stall schieben, nutzen wir dessen gutmütigen und geduldigen Charakter noch, um die Elemente zu festigen, die bisher am Boden geübt wurden, also »Hinten«, »Dicht«, »Zurück«, »Bleib« und »Weg, weg«. Bitte lassen Sie sich nicht entmutigen, wenn Fiffi erstmal so tut, als könne er nicht gemeint sein, manche Hunde übertragen bekannte Elemente wie selbstverständlich auf neue Situationen, andere brauchen etwas länger. Wenn Sie so ein Exemplar besitzen, dann freuen Sie sich einfach, dass Sie die Möglichkeit haben zu üben, bevor Sie auf dem Pferd sitzen!

3

Voraussetzungen, Ausbildung, gezielte Vorbereitung des Pferdes

3. Voraussetzungen, Ausbildung, gezielte Vorbereitung des Pferdes

Kommen wir nun zur Vorbereitung des Pferdes. Hier ein vernünftiges Maß an konkreten Tipps zu geben, ist furchtbar schwierig. Ich mag es überhaupt nicht, Allgemeinaussagen von mir zu geben, wie das Pferd muss dem Reiter vertrauen, es muss an feinen Hilfen stehen usw., denn damit ist es leider nicht getan. Themen wie diese (und unzählige andere im Bereich »Umgang am Boden« und »Während des Reitens«) füllen alleine ganze Bücher und beschäftigen den engagierten Pferdemenschen ein ganzes Leben lang. Ich will damit nicht sagen, dass der Bereich des Hundetrainings anspruchsloser ist, auch hier lernt man ein ganzes Leben lang nie aus. Was aber beim Pferd noch erschwerend (im wahrsten Sinne des Wortes) dazukommt, ist, dass der Mensch seinen Körper noch viel mehr beherrschen können muss, als beim Umgang mit dem Hund. Klar ist die Körpersprache auch dort immens wichtig, aber wir sitzen zumindest nicht drauf, um es mal etwas platt auszudrücken. Dieses »Draufsitzen« ist für viele Pferde ein Problem, denn so ein Pferd ist ein unglaublich großzügiges und leidensfähiges Geschöpf und viele Reiter scheinen nicht mal in wachen Momenten der Selbsterkenntnis bereit zu sein, an sich zu arbeiten, anstatt noch mehr Hilfszügel (Der Freizeitreiter-»Papst« Claus Penquitt behauptet beispielsweise Hilfszügel seinen etwas für Hilfsschüler.), schärfere Gebisse, Sporen etc. einzusetzen, um dem »sturen Bock« mal zu zeigen, wer das Sagen hat. Das Pferd ist, obwohl oder vielleicht weil es ja ein viel größeres Tier ist, in der Regel wesentlich besser zu kontrollierten als ein Hund. Es läuft nicht frei neben uns her. Ein ungehorsamer Hund ohne Vertrauen, ohne Motivation, mit uns zu kooperieren, ist für alle schnell ersichtlich. Ob ein Hund fröhlich mitarbeitet, ist viel leichter zu erkennen und zu überprüfen. Ein Pferd kann häufig für sein Tun gar keine Verantwortung übernehmen, da es permanenter Einwirkung ausgesetzt ist. Soll es gehen, wird es getrieben, oft mit völlig kontraproduktivem Dauergebolze der Unterschenkel. Soll es stehen bleiben, so bleiben die Zügel häufig auch anstehen, anstatt darauf zu achten, dass das Pferd das »Kommando« eigenständig einhält. Selbst wenn das Pferd nur am Halfter von A nach B geführt wird, legt kaum jemand Wert darauf, dass es seine Aufgabe erfüllt und uns folgt, dass es eigenständig seinen Abstand hält und weder nach vorne noch nach hinten zieht und freundlich, achtsam und respektvoll ist. Warum? Weil wir leider auch häufig nichts von alledem sind. Anstatt sich dem Tier zuzuwenden und ihm freundlich und klar zu bedeuten, was wir von ihm möchten, geben wir ihm stattdessen nicht mal die Chance dazu, eigenständig unseren Wünschen nachzukommen, sondern ziehen, zerren, schieben und schimpfen. Wohlverhalten wird häufig ignoriert, Fehlverhalten bestraft. Pferde sind wunderbar Tiere, die viel verzeihen, und so kann eine derartige »Erziehung« ein Leben lang gut gehen (jedenfalls für den Reiter). Möchte man allerdings zwei Tiere gleichzeitig führen, so ist man in vielen Situationen darauf angewiesen, dass das Tier, das gerade nicht gemeint ist, vertrauensvoll und kooperativ, man kann auch sagen brav ist. Der Hund bekommt klare Kommandos und wird durch ein funktionierendes »Bleib« wunderbar aus einer Situation herausgenommen, in der wir unsere Konzentration beim Pferd brauchen. Und umgekehrt?

Wenn der Hund die volle Aufmerksamkeit braucht, und es dem Reiter deswegen gerade nicht möglich ist, das Pferd in seine (oft recht zahlreichen) Hilfen »einzurahmen«? Dann braucht man ein freundliches Pferd, das weder unsicher wird, weil die gewohnte Einwirkung ausbleibt, noch dazu neigt, die Situation auszunutzen, sondern das auch mal für seinen Reiter denkt und handelt. Und das geht nur über eine solide, konsequente Grundausbildung, getragen von gegenseitigem Respekt und mit täglich neuer Achtsamkeit. Ein Pferd, das nur begrenzt wird, das hin und her gezogen wird, kann

Je motivierter ein Pferd mitarbeitet und je feiner es an den Hilfen steht, desto problemloser werden auch die Ausritte zu dritt.

zwar weniger Fehler machen, hat aber auch nicht die Chance, etwas richtig zu machen. Doch nur über diese Erfolgserlebnisse wird es zu einem motivierten, selbstsicheren und in sich ruhenden Pferd. Bodenarbeit ist eine wundervolle Sache, die Vertrauen und Gehorsam fördert, wer unsicher ist, findet Rat in unzähligen Büchern und bei vielen versierten Trainern.

Wer mit Hund und Pferd im Gelände unterwegs sein möchte, sollte zunächst ehrlich überlegen, wie umweltsicher sein Pferd ist. Wenn man sich eingestehen muss, dass der Vierbeiner zu Panikattacken neigt und gerne mal unkontrolliert losbrezelt, weil er sich heftig über ein Kinderfahrrad mit Fahne oder über eine Person mit Rollator erschrickt, dann gibt es nur zwei Möglichkeiten: Der Hund, den man sich zur Begleitung ausgesucht hat, ist gehorsamstechnisch von einem anderen Stern und quasi in der Lage und willens, Gedanken zu lesen. Oder aber man wendet sich zunächst mal dem Gelassenheitstraining für Pferde zu.

Kurz sei noch erwähnt, dass es durchaus von Vorteil ist, wenn das Pferd sicher an den Hilfen steht und eine Parade auch wirklich eine Parade ist. Ein unzureichend kontrollierbares Pferd ist eine große Gefahr für den Hund (nicht nur für ihn, aber um ihn geht's hier ja hauptsächlich).

Der zügelunabhängige Sitz ist Voraussetzung für gutes Reiten, aber wenn man zusätzlich einen Hund führen möchte, ob mit oder ohne Leine, gilt es noch viel mehr darauf zu achten, den Gebrauch der Zügel auf feine Einwirkungen reduziert zu lassen und nicht grob und unkonzentriert daran herumzuziehen, weil man durch den Hund abgelenkt ist. Es ist sinnvoll, sich und sein Pferd an eine einhändige Zügelführung zu gewöhnen, da man mit Hund an der Leine oft in die Situation kommt, nur eine freie Hand für die Zügel zu haben.

Die Vorbereitungen:

Dazu gehört in jedem Fall die Desensibilisierung der Hinterhand. Zwar sollten wir uns bemühen, unseren Hunden klarzumachen, dass man um die Hinterbeine des Pferdes besser einen Bogen macht. (Dazu kommen wir noch!) Aber in der Praxis kommt es doch immer wieder vor, dass die Hunde den Hinterbeinen des Pferdes sehr nahekommen und sie zum Teil auch berühren. Die meisten Pferde haben nichts dagegen. Wichtig ist, wenn man mit den gemeinsamen Ritten beginnt, dass sich das Pferd nicht erschreckt, wenn es plötzlich etwas an seinen Beinen spürt, denn sehen kann es das Ding nicht, das es berührt hat. Im Laufe der Zeit ist es für die meisten Pferde ganz normal, dass ihr Kumpel ab und zu auch mal etwas dichter kommt. Nichtsdestotrotz tut man gut daran, seinen Hund immer mal wieder daran zu erinnern, dass wir es lieber sehen, wenn er etwas Abstand hält!

Um das Pferd an ungewohnte Berührungen zu gewöhnen, kann man mit einem alten Handtuch arbeiten und ihm damit seine Hinterbeine (besonders auf Hundehöhe) abstreichen. Man steigert das Ganze, indem man das Handtuch an eine Leine hängt und es schwungvoll um die Beine herumzieht. Das Pferd darf davon natürlich nicht überrumpelt werden, sondern man sollte – wie immer – behutsam vorgehen und Tempo und Intensität langsam steigern, damit das Tier mit den Berührungen an den Hinterbeinen nichts Negatives verbindet.

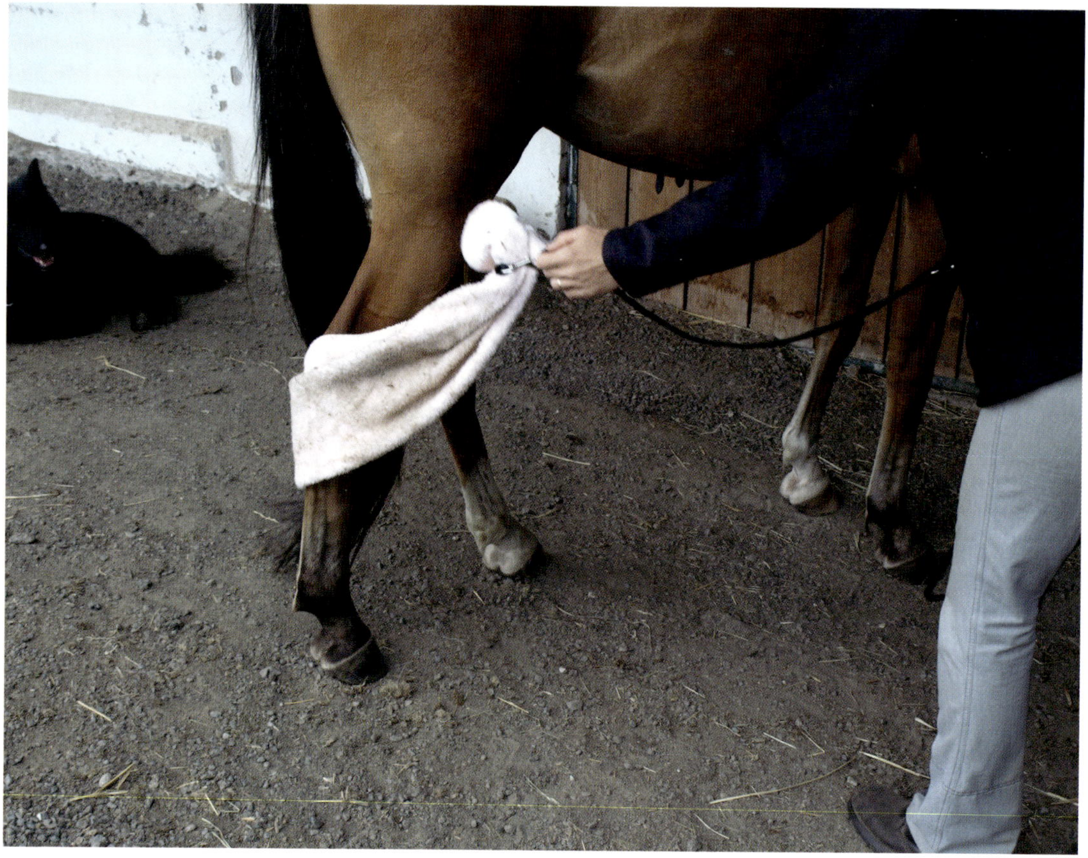

Desensibilisierung ...

**Der nächste Vorbereitungspunkt ist, das
Pferd an die Hundeleine zu gewöhnen.**
Da stellt sich zunächst einmal generell die Frage,
welche Leine für den Reitbegleithund sinnvoll ist.
Die für jeden Reitbegleiter perfekt passende Leine
gibt es nicht. Die Leine muss zu dem individuellen
Hund-/Pferd-Paar passen. Generell sollte sie gut in
der Hand liegen und nicht so dünn sein, dass sie
leicht verknotet, aber auch nicht zu dick, sodass man

sie noch gut mit einer Hand halten kann, auch wenn
der Hund dicht am Pferd läuft und man die Leine
mehrfach gefaltet halten muss.

Wenn die Leine sehr schwer ist, wirkt sie zwar stär-
ker auf den Hund ein, hängt aber ziemlich herab,
lässt sich schwerer handeln und die Gefahr, dass
Hund oder Pferd darüberlaufen oder drauftreten, ist
etwas höher, als bei einer leichteren Leine, die nicht

... und Gewöhnung an die Hundeleine.

ganz so viel Zug nach unten hat. Zu leicht darf die Leine aber auch nicht sein, insbesondere dünne Schleppleinen sind ungeeignet, sie flattern und sind äußerst schlecht zu dirigieren.

Ansonsten ist die Wahl des Materials eher Geschmacksache. Fettlederleinen lassen sich angenehm fassen, sind pflegeleicht und haben einen guten Grip. Nylongeflechte sind oft sehr attraktiv, hinterlassen aber üble Verbrennungen, wenn man wirklich mal in die Situation kommen sollte, in der der Hund so lossprintet, dass er seinem Menschen die Leine durch die Hand zieht. (Ein solches Szenario ist am Pferd aber ohnehin sehr ungünstig.) Es gibt noch unzählige Materialien und jeder entwickelt da seine eigenen Vorlieben. Ich bevorzuge beim Reiten glatte Leinen ohne Ringe und Ösen, weil sie nirgendwo hängen bleiben können.

Zufriedene, artgerecht gehaltene Pferde sind ausgeglichener und kooperativer.

Die Länge der Leine ist abhängig vom Ausbildungsstand des Hundes und des Pferdes. Je sicherer und entspannter beide sind und je besser sie auf Kommandos reagieren, desto länger kann die Leine sein. Habe ich aber einem Hund gerade 5 m Leine hingegeben, damit er ein wenig vorauslaufen kann, und entscheidet sich dieser Hund blitzschnell dafür, mit Kavalierstart wieder in Richtung Pferd zu düsen und womöglich noch auf die andere Seite, weil er da gerade einen Megageruch verpasst hat ... und befindet sich das Pferd vielleicht noch im Trab und hält so gar nichts davon, sich von einem wild die Leine einholenden Reiter durchparieren zu lassen, dann kann man eigentlich die Leine nur noch fallen lassen. Und hoffen, dass es wirklich nur ein Duft war, der Waldi aus der Spur gezogen hat und nicht ein davonlaufendes Reh ...

Ist man mit zwei miteinander vertrauten Partnern unterwegs, die sich beide mit Minimalkommandos

Glücksmomente.

lenken lassen, ist die eben genannte Situation gut lösbar, ohne dass die Gefahr besteht, dass der Hund das Pferd einwickelt, oder das Pferd auf den Strick tritt und damit den Hund sehr unsanft bremst und in eine Gefahrensituation bringt.

Brauche ich beide Hände an den Zügeln, um das Pferd durchparieren zu können, und benötigt das Pferd ohnehin viel Aufmerksamkeit, brauche ich eine kurze Leine, weil ich keine Möglichkeit habe, ein

langes Seil schnell einzuholen, wenn nötig. Eine schleifende Leine ist allemal ein größeres Übel, als die eingeschränkte Bewegungsfreiheit des Hundes. Gleiches gilt auch für den Fiffi, denn ist der unzuverlässig im Gehorsam, mehr an seiner Umwelt und den Wildtiergerüchen ringsherum interessiert, mit starker Tendenz dazu, in alle Richtungen zu ziehen, dann braucht er eine kurze Leine, die ihn dort positioniert, wo wir ihn am besten unter Kontrolle haben.

Was zu tun ist, wenn trotz aller Vorsichtsmaßnahmen Fiffi gerade dabei ist, das Pferd zu fesseln, habe ich schon angedeutet. Einfach die Leine fallen lassen und zwar nicht direkt neben dem Pferd, sondern man sollte versuchen, sie ein Stück wegzuwerfen, damit die Gefahr, dass das Pferd auf die Leine tritt, möglichst gering ist. Die Leine wegzuwerfen, ist im Übrigen auch die Methode der Wahl, wenn das Pferd die Nerven verliert und immer panischer wird. Also Leine weg und dem Hund bedeuten zu »bleiben«, bis wir die Situation wieder unter Kontrolle haben.

Zum Thema »Leine« gehört die Frage: Geschirr oder Halsband?

Grundsätzlich würde ich das Geschirr vorziehen, denn ruckt es doch mal, wird so der empfindliche Halsbereich des Hundes nicht verletzt. Außerdem ist die Leine oben am Rücken befestigt und das hat im Vergleich zum Halsband den enormen Vorteil, dass der Hund wesentlich weniger Gefahr läuft, sich selbst in die Leine zu treten, wenn wir mal nicht ganz genau aufpassen und die Leine ein bisschen tiefer hängt. Beim Halsband rutscht der Haken samt Leine dann sofort in den unteren Halsbereich und – das kennen wir ja auch vom Spazierengehen –, die Leine ist schnell mal unter dem Hundebauch vertüddelt. An sich ist das ja nicht weiter schlimm, aber vom Pferd aus ist es viel lästiger, die Leine wieder richtig zu platzieren.

Der Vorteil des Halsbandes wiederum ist die bessere Dirigierbarkeit des Hundes und noch etwas: Das Halsband kann man so weit einstellen, dass der Hund von alleine hinausschlüpfen kann. Das hört sich erstmal nicht unbedingt nach einem Vorteil an, kann aber in bestimmten Konstellationen sehr hilfreich sein. So hatte ich anfangs mit meinem Asim einen gut erzogenen, aber unerfahrenen und zum

Sonderfall Flexleine

Die Flexleine polarisiert. Es scheint, als würde man sie entweder kategorisch ablehnen oder aber darauf schwören. Besonders bei Klein- und Kleinsthunden könnte man den Eindruck gewinnen, sie wären bereits an einer (pink-farbenen) Flexi zur Welt gekommen und würden damit am Ende auch die Regenbogenbrücke überqueren.

Immer wieder kommt die Frage nach dieser Leine für den Reitbegleithund und fast immer wird die Flex von den Trainern kategorisch abgelehnt. Und dafür gibt es viele gute Gründe:

Wenn nämlich ein sagen wir mal 25 kg-Hund die Länge der Flexleine – immerhin meistens stolze 8 m nach hinten ausnutzt und dann 50 m vor uns etwas sieht, was ihn dazu bewegt, durchzustarten, dann hat er 16 m Zeit, um Fahrt aufzunehmen und damit hebelt er den durchschnittlichen Reiter schon mal ganz gut aus dem Sattel. Wie unangenehm diese Aktion für das Pferd ist, kann man sich gut vorstellen. Und auch, wenn das reitende Frauchen (oder Herrchen) die Beschleunigung von Fiffi zu stoppen versucht, indem sie auf den Feststellhebel drückt, macht es das Ganze nicht wesentlich angenehmer.

Ein Hund, der sich mit einer normalen Leine »vergisst«, wichtigen Dingen nachgeht und dabei die Leine stramm um Brust oder Hinterhand des Pferdes wickelt, ist eine Sache und wird von einem Pferd, das sorgsam da-

rauf vorbereitet wurde (dazu kommen wir noch), recht gut toleriert. Ein strammes Flexleinen-Seil zu tolerieren, ist aber schon eine andere Herausforderung, zumal – und das ist ja der Sinn der Flex – diese Leine immer gespannt ist. Während der Reiter bei einer normalen Leine sofort angemessen Luft geben kann, ist das mit einer Flexleine schon während des Spazierengehens schwierig. Und da ist man selbst in seinem Bewegungsradius nicht eingeschränkt. Auf dem Pferd aber schon!

Absolut ungeeignet ist der Gebrauch der Flex für Hunde, die dazu neigen, das Pferd ab und an mal zu umrunden. Border Collies sind solche Kandidaten, manche Australian Shepherds auch.

Unbestreitbar spricht aber auch einiges für den Gebrauch einer Flex. Der Hund hat eine wunderbare Bewegungsfreiheit und für den Reiter entfällt das lästige Aufwickeln der Leine. Ich muss gestehen, ich benutze sie ganz gerne. Voraussetzung ist aber ein wirklich richtig gut gehorchender Hund, der die Leine nur deswegen trägt, weil sich sein Besitzer (wahrscheinlich zähneknirschend, aber vorbildlich) an die Vorschriften hält und ein kooperatives, an den Hilfen stehendes Pferd, dass sich möglichst einhändig reiten lässt, denn das unhandliche, schwere Gehäuse der Flex lässt sich schlecht mit einer zügelführenden Hand vereinbaren. Stimmt alles, kann der Gebrauch der Flexleine ein echter Spaßgewinn sein.

Wichtig ist aber auch hier eine gewisse Vorbereitung, denn wenn wir in eine Situation geraten, in der unser Pferd unsere volle Aufmerksamkeit braucht und wir unseren angeleinten Hund schnell in ein »Bleib« loswerden müssen, heißt es auch hier: Weg mit der Leine! Und genau das muss dringend geübt werden, denn eine Leine auf den Boden zu werfen, ist die eine Sache, ein schweres Flexgehäuse, das ja noch am Hund dranhängt und von ihm vielleicht noch ratternd über einen Schotterboden gezogen wird, eine ganz andere. Denn ohne dass wir die Tiere an den Aufprall und dieses »Ratter«geräusch gewöhnt haben, ist es recht wahrscheinlich, dass unser Hund verunsichert ist und wohlmöglich vor dem Gehäuse davonläuft. (Das dann hinter ihm herklappert und unserem ohnehin schon aufgebrachten Pferd noch den letzten Nerv raubt.)

Die Flexleine sollte aber niemals am Halsband, sondern immer am Geschirr befestigt werden, denn bedingt durch den Mechanismus ist immer ein leichter Zug auf der Leine – ein weiterer Nachteil der Flex, denn grundsätzlich möchten wir unsere Hunde ja gerade nicht daran gewöhnen, gegen einen permanenten Druck anzulaufen. Meiner Erfahrung nach können sie aber sehr schnell unterscheiden, dass ein gewisser Gegendruck am Geschirr ignoriert werden darf, während Gegendruck am Halsband korrigiert wird.

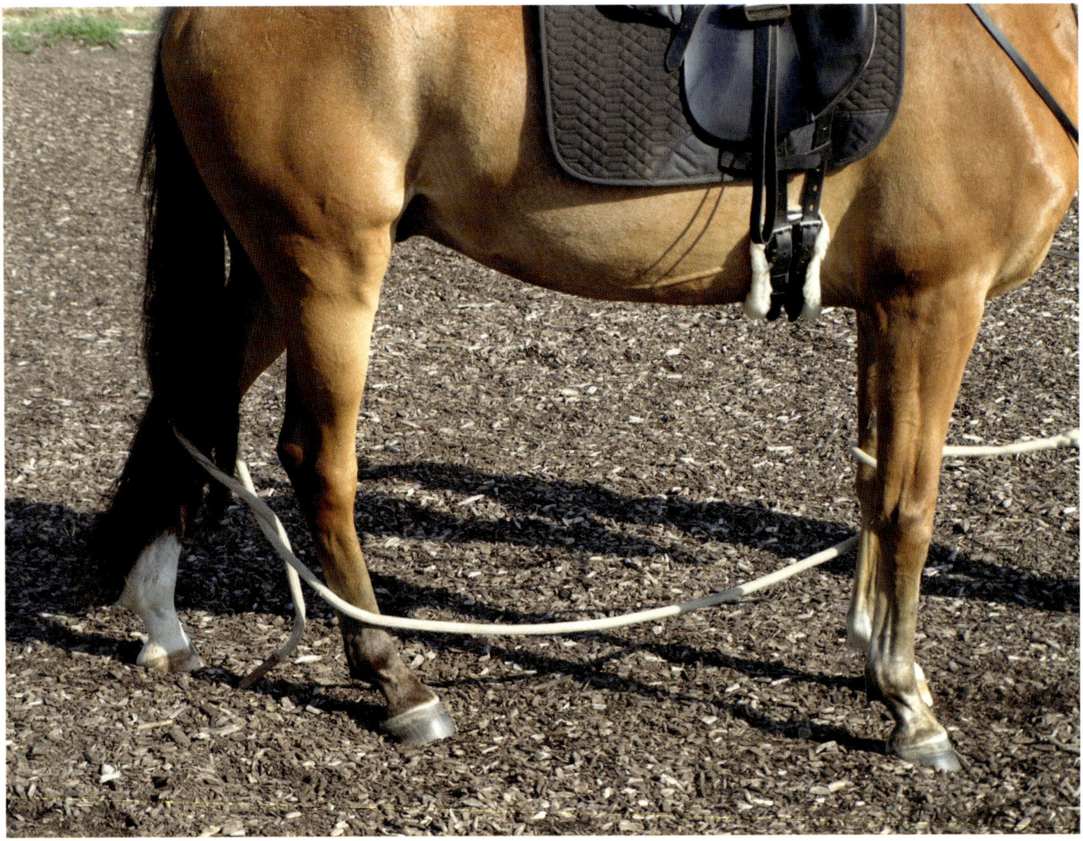

Fotos Seiten 66, 67 und 68: In der Praxis hängt die Hundeleine nicht immer da, wo sie hingehört. Damit das Pferd keine Angst bekommt, sollte es vorher daran gewöhnt werden, dass auch eine stramme Leine an allen möglichen Stellen nichts Beunruhigendes ist.

Teil unsicheren Hund, der die Leine nicht deswegen tragen musste, weil er sonst seinen eigenen Angelegenheiten nachgegangen wäre, sondern weil mal wieder Leinenzwang herrschte und dazu hatte ich ein Pferd, das ebenfalls freundlich und kooperativ war, aber sehr jung und manchmal etwas »hüpfig«. Das wiederum war meinem Hund suspekt und dadurch, dass er in Momenten, in denen er sich beengt oder bedrängt fühlte, eigenständig aus dem Halsband schlüpfen konnte, gab uns das (beiden) viel Sicherheit. Voraussetzung ist natürlich, dass der Hund dann nicht seiner Wege geht ... Asim kam nach jeder Befreiungsaktion wieder ans Pferd und schlüpfte von alleine zurück in das Halsband, das ich ihm hingehalten habe. Das Ganze war nur eine Zwischenlösung. Heute sind beide Tiere souveräner.

Das weit eingestellte Halsband ist nur eine Möglichkeit. Man kann auch eine Leine wählen, die als Halsband eine Schlaufe hat, wie Agility- oder Retriever-Leinen, wenn der Hund gelernt hat, seinen Kopf durch die Schlaufe zu stecken, gestaltet sich das An- und Ableinen wunderbar einfach. Genau diesen Mechanismus nutzen auch die speziellen Leinen für Reitbegleithunde. Es gibt sie mittlerweile von verschiedenen Anbietern, hier kann man dann sogar die gewünschte Größe der Halsschlaufe bequem vom Pferd aus einstellen.

Die Leine darf auf gar keinen Fall am Sattel festgebunden werden, denn wenn das Pferd unruhig wird oder gar panisch losläuft, ist das sehr gefährlich für den Hund. Am besten ist es, die Leine immer locker in der Hand zu halten und nicht um das Handgelenk zu wickeln, denn sonst bekommt man ein Problem, wenn man die Leine mal schnell fallen lassen möchte.

Noch eine kurze Anmerkungzum Thema Leinenzwang: Sicher ist man heilfroh, wenn diese Zeit vorbei ist. Aber auch mit einem perfekt erzogenen Hund sollte man zwischendurch immer mal wieder angeleint reiten, einfach um ihn daran zu erinnern, dass es auch an der Leine Spaß macht. Der nächste Leinenzwang kommt bestimmt!

Für welche Leine man sich auch immer entscheidet, in jedem Fall sollte man das Pferd an den Gebrauch gewöhnen. Dazu gehört, dass man dem Pferd zeigt, dass eine um die Beine gewickelte Leine nichts Schlimmes ist, damit es nicht in Panik gerät, wenn es beim Ausritt doch einmal dazu kommt, dass der angeleinte Hund das Pferd einwickelt.

Aber nicht nur die Pferdebeine sollte man hinsichtlich der Leine desensibilisieren, sondern am besten alle Körperteile. Dazu benötigt man einen Helfer, der den angeleinten Hund simuliert.

Zur Einzelvorbereitung des Pferdes gehört weiterhin, es an den »rotierenden« Oberkörper zu gewöhnen. Manche Pferde wird es vielleicht (leider) eher erstaunen, dass es auch so etwas wie einen ruhigen, zentrierten Sitz des Reiters geben kann, für die ist das dann keine Umstellung. Bei den anderen Pferden aber tut man gut daran, ihnen zu zeigen, dass ein unruhiger Oberkörper einhergehend mit undifferenzierten Gewichts»hilfen« eben genau keine Hilfen sind, sondern dass das Pferd uns schlicht ignorieren soll, wenn wir im Sattel herumwackeln, weil wir den angeleinten Hund einen Seitenwechsel vornehmen lassen oder ihn mit ausholenden Zeigegesten dirigieren.

Bewährt hat sich folgendes Vorgehen: Man führt ein Schlüsselwort ein, bei mir ist das der Name des Pferdes, ein bewusstes Zügelhingeben, ein kurzes Kraulen am Widerrist verbunden mit den leisen Worten »alles guuut«. Das hört sich viel an, dauert aber nur Sekunden, und mein Pferd weiß Bescheid, dass es nun nicht gemeint ist. Wenn wir das Pferd so »abgeschaltet« haben, steigern wir allmählich die Aktion, angefangen bei vorsichtigen Armbewegungen, über übertriebene Gewichtsverlagerungen bis hin zu lauten Kommandos an einen imaginären Hund. (Man muss diese Übungen ja nicht vor Publikum machen.) Ganz entscheidend und in der Phase, in der wir das Pferd anlernen, absolut erfolgsabhängig, ist die sehr bewusste Beendigung. Das Signal für das Pferd, dass es erstens alles richtig gemacht hat, und dass wir zweitens nun wieder vernünftig sitzen, bei ihm sind und wieder meinen, was wir sagen, ob wir nun sprechen oder mit dem Po wackeln …

4

Vorbereitende Übungen mit Hund und Pferd gemein-sam

4. Vorbereitende Übungen mit Hund und Pferd gemeinsam

Erstes Zusammenführen

Die jeweilige Herangehensweise ist abhängig von so vielen Faktoren. Ist es ein Welpe oder ein erwachsener Hund, ist er mutig und selbstbewusst oder eher ängstlich. Ist es ein Hütehund, der sogleich seine Mission erkennt und versucht, das »Stück Vieh« zu bewegen, ist es ein Jagdhund, dem bereits das Wasser im Mund zusammenläuft, oder ist es ein Hund, dem das Pferd auf dem Hof noch gar nicht aufgefallen ist, weil er 1000 Dinge interessanter findet und dem der komische Vierbeiner herzlich egal ist. Und natürlich: Welchen Charakter hat das Pferd?

Bei diesen unzähligen verschiedenen Charakterkombinationen kann es keine pauschale Vorgehensweise geben. Im Allgemeinen ist es immer von Vorteil, wenn man nicht alleine ist, sondern eine zweite Person dabei ist, die einem behilflich sein kann, wenn beispielsweise das Pferd beunruhigt ist, man selber aber den aufgeregten Hund an der Leine

Mirabelle und Gharamat kennen und vertrauen sich.

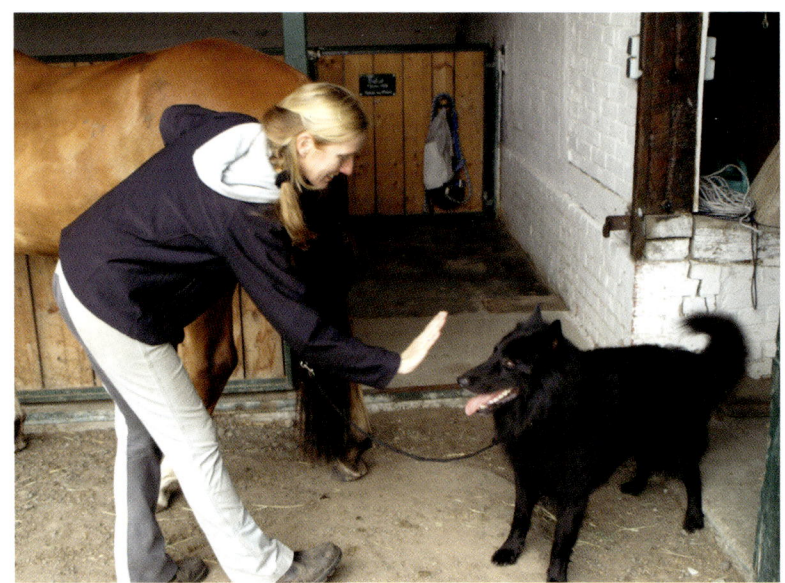

Ist keines der Tiere beunruhigt, kann man damit beginnen, mit dem angeleinten Hund um das Pferd herumzugehen und ihm über Gesten (die Stopphand) zu zeigen, dass er – besonders im Bereich der Hinterhand – nicht so dicht an das Pferd heranlaufen soll. Auch hierzu wird noch ein verbales Kommando eingesetzt (z. B. »Abstand!«). Während man mit dem Hund um das Pferd herumgeht, sollte man aber auch die Reaktion des Pferdes beobachten und ein entspanntes Pferd ausgiebig loben. Es hilft außerdem, zunächst eine Hand an die Hinterhand des Pferdes zu legen, das wirkt zum einen beruhigend, zum anderen spürt man sofort, wenn sich das Pferd verspannt.

hat. Kontrolle ist wichtig, denn kaum etwas ist jetzt kontraproduktiver, als wenn eines der Tiere oder gar beide aus dem Ruder laufen und das erste Zusammentreffen in Geschrei und Hektik endet. Wichtig ist, dass sich die Tiere in ihrem eigenen Tempo annähern. Damit meine ich nicht, dass wir den Hütehund, in dessen Augen schon grüne Blitze zukken, von der Leine lassen, damit er in seinem Tempo um des Pferd herumrasen kann, sondern dass die Tiere nicht zu mehr Kontakt gezwungen werden, als ihnen angenehm ist. Der Hund wird an der Leine an das Pferd herangeführt und beide Tiere werden gut beobachtet. Ob und in welcher Weise man einwirkt, hängt von dem Verhalten der Tiere ab. In welchem Tempo es nun weitergeht, ist ebenfalls eine ganz individuelle Entscheidung.

Sollte das Pferd ernstlich aggressiv auf den Hund reagieren und versuchen, zu treten oder zu beißen, muss zunächst abgeklärt werden, aus welcher Motivation heraus es so handelt. Hat es Angst kann nur behutsames Vorgehen helfen. Man sollte dem Pferd zeigen, dass die Anwesenheit des Hundes immer etwas Angenehmes bedeutet. Im Beisein des Hundes bekommt es Futter, erfährt Streicheleinheiten oder es geht zur nächsten Wiese.

Tritt das Pferd selbstbewusst auf und versucht, den Hund zu attackieren, so muss man ihm durch deutliche Gesten klarmachen, dass Beißen und Schlagen nicht toleriert werden. Eine Annäherung darf aber nicht erzwungen werden, und schon gar nicht in negativer Stimmung, zudem darf man nicht vergessen, auch kleinste Fortschritte sofort zu belohnen. Hier gilt – wie so oft – unerwünschtes Verhalten unangenehm, erwünschtes Verhalten hingegen sehr angenehm zu gestalten.

Noch ein Hinweis für Besitzer von Hütehunden mit deutlichem Hütetrieb: Hier gilt: Bitte keinesfalls anfangen, das Pferd zu umkreisen! Das kann sehr schnell den Hütetrieb auslösen, und genau das gilt es zu vermeiden. Die Hunde müssen wissen, dass Pferde nicht gehütet werden! Das wäre viel zu gefährlich! Hat man ein Exemplar, das stark dazu neigt, würde ich dringend dazu raten, sich professionelle Hilfe zu suchen (nicht einfach einen Hundetrainer, sondern einen, der sich nachweislich mit diesem Problem auskennt!). Es geht so unglaublich schnell, dass sich die Hunde in ein zum Teil zwanghaftes Hüteverhalten bewegen. Ganz oft bekommen die unbedarften Besitzer das gar nicht mit, bevor es zu spät ist. Das Hüten gibt diesen Hunden einen solchen Kick, dass dadurch schwerwiegende Probleme für ein ganzes Reitbegleiterleben entstehen können.

Das Pferd lernt, den Hund an den Hinterbeinen zu tolerieren

Während wir zunächst den Fokus darauf gelegt haben, den Hunden beizubringen, dass sie einen gewissen Abstand zum Pferd, und insbesondere zu dessen Hinterhand wahren, sollte man, wenn der Hund das verstanden hat, damit beginnen, ihn bewusst an das Pferd heranzurufen. Zunächst im Bereich der Vorhand, damit das Pferd sieht, was geschieht, später rund um das Pferd. Als Mensch müssen wir dabei für eine »Wohlfühl-Atmosphäre« sorgen, beide Tiere streicheln und loben. Und dann zwischendrin immer wieder den Hund auf Abstand schicken. Dabei ist es ganz wichtig, dass er das Wegschicken nicht als Strafe empfindet, sondern eher als ein Spiel. Also vergessen Sie bitte nicht, ihn für sein Abstandhalten zu belohnen! (Achtung:

> ## Anmerkung zum »Hüten«
>
> *Wenn ich hier von »Hüten« spreche, so meine ich das unkontrollierte und sinnlose Ausleben des Triebes.*
> *Das echte, erwünschte »Hüten« findet auf einer ganz anderen, komplexen, kontrollierten Ebene statt. Dafür ist jahrelanges gemeinsames Training nötig. Das ist höchst befriedigend und harmonisch für Mensch und Hund. Das, was im Alltag häufig als Hüten bezeichnet und verharmlost wird, das Anstarren von Blättern im Wind, das Beißen in rollende Autoreifen, das Umkreisen von Kindern inklusive Fersenschnappen, ist für den Hund eine frustrierende, aber leider zwanghafte Tätigkeit, da man versäumt hat, die stark vorhandenen Triebe in richtige Bahnen zu lenken.*

Belohnung nach hinten!) Auf diese Weise kann man wunderbar vom Boden aus das Weichen auf Kommando etablieren und festigen.

Gemeinsame Spaziergänge

Haben sich Hund und Pferd in Ruhe aneinander gewöhnt, beginnt die Zeit der gemeinsamen Spaziergänge. Am einfachsten ist es auch hier wieder, eine zweite Person um Hilfe zu bitten, die eines der beiden Tiere führt.

Der Hund läuft zunächst an der Leine nebenher. Viele machen den Fehler, in der ersten Zeit den Hund ganz bewusst frei laufen zu lassen und froh darüber zu sein, dass er in weitem Abstand läuft und vom Pferd keine Notiz nimmt, sondern lieber

Gemeinsame Spaziergänge mit kleinen Übungen.

auf dem Feld nach Mäuschen sucht. Das macht den Spaziergang zwar erfreulich einfach für alle Beteiligten, Mensch hat nur das Pferd am Strick, Pferd braucht sich nicht mit Hund auseinanderzusetzen und Hund erfreut sich seiner Freiheit. Das Problem, das wir uns da heranziehen, ist aber fol-

gendes: Sicherlich gewöhnen sich Hund und Pferd auch so in gewisser Weise aneinander, aber diese Freiheit kann unser Hund ja nicht immer haben, sondern irgendwann müssen wir damit beginnen, ihm klarzumachen, dass sein Platz grundsätzlich am Pferd ist und er ab und an von dort aus in die Freiheit entlassen wird. Und nicht umgekehrt, dass nämlich mit dem Pferd unterwegs zu sein grundsätzlich heißt, machen zu dürfen, was Hund so möchte und nur irgendwie mitzulaufen.

Während des Spazierengehens beginnt man, kleine Übungen einzubauen:

- mit dem Hund an verschiedenen Positionen des Pferdes laufen,
- den Hund vom trabenden Pferd überholen lassen und umgekehrt,
- den Hund ablegen und mit dem Pferd drumherumgehen oder -traben,
- Tempowechsel mit beiden Tieren.

Der Hund soll sich daran gewöhnen, seine Kommandos (»Sitz«, »Platz«, »Dicht«, »Weg«, »Zurück« etc.) in direkter Anwesenheit des Pferdes auszuführen. Er muss begreifen, dass wir es auch dann ernst meinen, wenn wir ein Pferd am Strick haben, auf das wir vielleicht auch ein Auge haben müssen.

Bei all diesen Übungen war der Hund bisher immer kontrolliert, wichtig ist aber auch, dass das Pferd lernt, dass es nichts Bedrohliches ist, wenn sich der Hund mal rennend und hüpfend neben ihm fortbewegt. Dazu hält unsere Hilfsperson das Pferd. Wir nehmen unseren Hund und ein Spielzeug und fangen an, in der Nähe des Pferdes mit dem Hund zu

Kjarou bleibt völlig entspannt, während Asim auf der Jagd nach seinem Ball an ihm vorbeisaust.

spielen. Bleibt das Pferd gelassen, darf das Spiel auch ein bisschen wilder werden. Zunächst spielt man im Blickfeld des Pferdes, später kann man auch damit beginnen, um das Pferd »herum zu spielen«, damit es lernt, dass der tobende Hund keine Gefahr darstellt, egal in welcher Position.

Bleibt das Pferd bei alldem entspannt, so sollte man damit beginnen, das Spielzeug zu werfen. Und zwar am Pferd vorbei. Wurflegastheniker üben bitte vorher, damit nicht ein Querschläger das Pferd trifft! Zunächst wirft man wieder im Blickfeld des Pferdes und steigert das Ganze dann dahingehend, dass

Den Hund auf eine Bank springen lassen, um das Pferd an eine erhöhte Position zu gewöhnen.

man sich mit Hund und Spielzeug hinter das Pferd stellt und das Spielzeug wirft, damit der Hund von hinten mit Tempo am Pferd vorbeirast. Denn ein von hinten vorbeipreschender Hund ist eine Situation, die unterwegs auch immer mal wieder das ein oder andere Pferd fürchterlich erschreckt. Besser also, man bereitet es auf dieses Szenario vor.

Eine weitere Situation, der man während des Spazierengehens mit beiden Tieren von vorneherein den Schrecken nehmen kann, ist, den Hund erhöht laufen zu lassen.

Viele Pferde, die sogar mit dem Hund recht gut vertraut sind, reagieren plötzlich aggressiv, wenn er auf ihrer Kopfhöhe auftaucht. Das hört sich jetzt ein bisschen komisch an, kann aber je nach Landschaft durchaus häufig vorkommen, wenn man beispielsweise an einem Berg oder Hügel entlangreitet und der Hund auf der Bergseite läuft. Und auch bei uns in Norddeutschland kommt man immer wieder in diese Situation. Während mein Gharamat völlig ungerührt weiterlief, wurde Kjarou in gleicher Situation zur zähnebleckenden Giftspritze. Da ist er sicher nicht der einzige, der so reagiert.

Abhilfe schafft man, indem man den Hund mal auf eine Bank oder einen Baumstamm hüpfen lässt und dem Pferd zeigt, dass es immer noch der harmlose Waldi ist und kein Raubtier auf dem Sprung in den Pferdenacken.

Während des Spazierengehens kann man auch schön das »Du bist nicht gemeint«-Element festigen. Hier wird passives Verhalten ausdrücklich gelobt! Man legt zum Beispiel seinen Hund ins »Bleib« und beginnt, sich um das Pferd zu kümmern, macht kleine Übungen mit ihm, trabt es mal an, lobt es lauthals, hüpft selber ein bisschen herum usw. Wichtig ist Action. Sind wir damit fertig, kommt der wichtigste Teil: Wir loben unseren Hund

ausgiebigst! (Bitte auch das Pferd nie vergessen!) Und dann machen wir das Ganze umgekehrt. Mit Hilfsperson ist es einfacher, aber es geht auch, wenn wir unser Pferd selbst am Strick halten. Unser Pferd bekommt sein Schlüsselwort, z. B. »Else, alles gut!« und ein kleines Streicheln am Widerrist, dann kümmern wir uns um den Hund. Der Phantasie sind keine Grenzen gesetzt, ob Spielen oder kleine Übungen, wieder ist Action angesagt. Der Pferdestrick muss dabei aber durchhängen. Dann wird das Pferd – wie vorher der Hund – aktiv aus der Passivität herausgeholt und belohnt (damit es sich nicht aus dem »Kommando« herausschleicht)!

4.1 Übungen vom Pferd aus (zunächst auf gesichertem Gelände)

Es geht los, wir sitzen im Sattel und kommen zum An- und Ableinen des Hundes. Die passende Methode hängt hauptsächlich mit dem Größenverhältnis von Hund und Pferd zusammen. Sitzen wir auf einem 1,78 m großen Hannoveraner und möchten unseren 25 cm hohen Jack Russell Terrier vom Pferd aus anleinen, haben wir ein technisches Problem. Da kann sich der Terrier so groß machen (und groß fühlen), wie er will, wir kommen schlicht nicht dran. Hier hilft nur eine Leine mit Halsschlaufe, wie z. B. bei den speziellen Reitbegleithund-Leinen, oder aber wir lassen den Hund auf eine Erhöhung hüpfen, die meist gerade dann, wenn man sie braucht, garantiert nicht in Sicht ist, oder aber wir leinen den Hund am Boden an, setzen ihn auf der Seite, von der man auch aufsteigt, ungefähr neben der Pferdeschulter in einem Sicherheitsabstand zum Pferd ab und steigen (wieder) auf.

An dieser Stelle kommt bei Workshops regelmäßig dieselbe Frage: »Was mache ich, wenn mein Hund immer wieder aufspringt, sobald ich mich von ihm abwende?«

Sie kennen ja jetzt die Antwort, die unbeliebteste und unbequemste und einzig erfolgsversprechende: Gehe zurück auf Start und erkläre dem Hund verständlich, freundlich und kompetent in der Grundausbildung, dass ein Kommando befolgt werden muss, egal in welcher Situation. Natürlich kann man auch in die konkrete Situation hineingehen und versuchen, dort eine Lösung zu finden, die dann in etwa so aussehen würde, dass man das »Sitz-« oder »Bleib-Kommando« gibt und das Vorhaben, auf das Pferd zu steigen, ein wenig auf später verschiebt und stattdessen im ersten Schritt nur bis zum Pferd geht (wenn überhaupt), sich dann wieder dem Hund zuwendet und ihn für sein Bleiben

Das An- und Ableinen vom Pferd aus funktioniert am besten, wenn man den Hund ansteigen lässt. Das Pferd muss jedoch behutsam daran gewöhnt werden.

belohnt. Das Ganze dann in winzig kleinen Schritten steigern, bis der Hund tatsächlich auch während des Aufsteigens auf seinem Platz bleibt. Diese Situation ist daraufhin zunächst mal geklärt, aber da die grundsätzliche Kooperation offensichtlich noch zu wünschen übrig lässt, wird die nächste Problemsituation nicht lange auf sich warten lassen. Der schlimmste Fehler, den man machen kann, ist, das Fehlverhalten des Hundes zu ignorieren und einfach loszureiten. Das ist zwar verständlich, man ist genervt, möchte seine Zeit mit Reiten verbringen und nicht mit Auf- und Absteigen, um den Hund zu erziehen, und rechtfertigt sich damit, dass ja weder Pferd noch Hund gefährdet seien und dass man das Problem später lösen wird. Erfahrungsgemäß tut man das solange nicht, bis das Verhalten des Hundes richtig unerträglich geworden ist, weil er auch noch angefangen hat, unaufhörlich zu kläffen und versucht, dem Pferd in die Fesseln zu schnappen. Und wenn wir dann erst einmal dort angelangt sind, ist der Hund bereits so süchtig nach dem Kick, den er sich durch sein Verhalten verschafft, dass es sehr, sehr schwierig für ihn ist, diesen Impuls zu unterdrücken. Und da kommen wir leider auch mit verstärktem Training des Grundgehorsams nicht mehr weiter. Ist das Verhalten zwanghaft, so ist ein intensives, meist langwieriges Training nötig, um diesen »Knoten« im Kopf des Hundes wieder aufzulösen. Allemal besser ist es, das Verhalten des Hundes gleich zu korrigieren. Und natürlich drehen nicht gleich alle Hunde, die ihr »Bleib«-Kommando ignorieren, während der Mensch aufsteigt, zwangs-

läufig durch! Viele trotten einfach nur ziellos durch die Gegend und laufen ganz brav mit, sobald das Pferd startet. Aber viele Hunde, gerade die ganz begeisterten Reitbegleiter, sind in dieser Hinsicht gefährdet!

Das An- und Ableinen vom Pferd aus funktioniert am besten, wenn man den Hund ansteigen lässt. Am Günstigsten ist es, wenn der Hund dies bereits am Fahrrad gelernt hat. Das ist natürlich nicht das Gleiche, aber immerhin weiß er dann schon, dass er mit seinen Vorderpfoten unser Bein nicht nur berühren darf, sondern es auch soll. Wo genau der Hund seine Pfoten platziert, ist wieder abhängig von der Größe von Hund und Pferd. Die meisten Hunde stellen zumindest eine Pfote auf dem Fuß im Steigbügel ab. Ganz wichtig ist, dass der Hund sich nicht direkt an der Flanke des Pferdes abstützt! (Obwohl viele Pferde auch das erstaunlicherweise ganz brav tolerieren, wenn sie mit dem Hund vertraut sind. Auch mein Gharamat, der mit angeekeltem Gesicht einen Meter zur Seite springt, wenn ihn eine fremde Person auch nur anfassen will, hat gar keine Probleme mit Asims Pranken in seiner Flanke, wenn dieser mal wieder etwas ungestüm ist.) Das Pferd muss sehr behutsam an den ansteigenden Hund gewöhnt werden. Das Anlernen unterstützt am besten wieder eine zweite Person. So geht's: Die Person steht neben dem Pferd und lässt den Hund zunächst an sich ansteigen. Dann »reicht« sie erst die eine Pfote und dann die andere an das Reiterbein kontrolliert weiter.

Ein Tipp aus der Praxis: Die meisten Reiter belohnen sowohl das Pferd als auch den Hund bei dieser Aktion. Den Hund für das ruhige Stehen am Pferd, das Pferd für das brave Abwarten. Dagegen ist auch überhaupt nichts einzuwenden, allerdings sollte man beachten, dass Hund und Pferd auf verschiede-

Wenn man Hund und Pferd konsequent auf unterschiedlichen Seiten belohnt ...

nen Seiten gefüttert werden. Tut man das nicht, bekommt man ganz oft folgendes Problem: Man leint den Hund an oder ab, das Ganze dauert ein wenig länger als sonst, vielleicht hat man Handschuhe an oder bekommt die Öse einfach nicht zu greifen. Das Pferd weiß genau, dass es, wenn der Hund »fertig« ist, ein Leckerchen bekommt. Je nach Charakter wird es bei Verzögerung

schon mal seinen Kopf in die Richtung schieben, aus der das Leckerchen immer kommt. Hier steht nun aber noch der Hund, den wir bearbeiten und der auch noch auf seine Belohnung wartet ... Sie ahnen, worauf ich hinaus will, oder? Möglicherweise stört sich der Hund an dem Pferdekopf und macht klar, dass es seine Belohnung ist, die hier gleich aus der Tasche gezaubert wird, oder das Pferd findet, dass

... erwarten beide ihre Leckerchen auf »ihrer« Seite!

der Hund seinem Leckerchen nun lange genug im Weg gestanden hat und zeigt die Zähne. Um diese Konstellationen zu vermeiden, reicht es schon, dem Pferd konsequent seine Belohnung auf der Seite zu geben, auf der der Hund nicht gestanden hat. Denn dann wird es bei Ungeduld sein Leckerchen auf der hundelosen Seite suchen.

Das Überprüfen der Kommandos vom Pferd aus

Das, was vom Fahrrad aus bereits geübt und gefestigt wurde, wird nun vom Pferd aus überprüft, und zwar am besten erst einmal auf dem Reitplatz. Das hat den großen Vorteil, dass unser Erwartungsdruck wesentlich geringer ist, als wenn wir unterschwellig davon ausgehen, dass wir zu einem schönen Ausritt starten und nur mal kurz die Kommandos abfragen. Das bewahrt uns vor Enttäuschungen und Fehlern aus Ungeduld. Wenn wir mit unseren Kommandos beginnen, dann bitte in ruhiger, freundlicher Grundstimmung. Man beginnt am einfachsten mit Kommandos, zu denen sich nur der Hund bewegen muss. Am besten mit solchen, die die größte Aussicht auf Erfolg haben, z.B. ein einfaches Sitz, und steigert dann langsam den Schwierigkeitsgrad mit »Dicht«, »Bleib« und »Bleib« aus der Bewegung. Befolgt der Hund brav die vom Pferd aus gegebenen Kommandos, dann belohnt man ihn mit freundlichen Worten und auch gerne mit Leckerchen.

Aber Achtung: Wirft man ihm seinen Hundekeks zu, so sollte man ein treffsicherer Werfer sein – und der Hund ein unfehlbarer Fänger. Wenn nicht, kann es passieren, dass Rex zwar glücklich nach dem leckeren Flugobjekt schnappt, es aber leider nicht direkt fängt, sondern unglücklicherweise noch zurück Richtung Pferd katapultiert. Wenn Rex dann hungrig hinter dem Querschläger her hechtet, der einen Zentimeter hinter dem Hinterhuf des Pferdes landet, kann das ins Auge gehen! (In das von Rex nämlich ...) Es ist in jedem Fall sicherer, mit dem Keks nicht direkt auf den Hund zu zielen, sondern die Flugbahn an ihm vorbei, weg vom Pferd zu wählen. Die andere Möglichkeit ist, dass Rex sich seine Belohnung direkt aus der Hand abholt.

Was kann man tun, wenn unser Hund vor lauter Verblüffung, uns oben auf dem Pferd zu sehen, glatt vergessen hat, wie das noch einmal mit den Kommandos ging? Sie dürfen auf keinen Fall böse werden! Es gibt Hunde, die mit dieser veränderten Situation – Mensch auf Pferd – völlig unbeeindruckt umgehen. Aber manche geraten leicht aus der Fassung und reagieren mit Unsicherheit und Meideverhalten. In diesem Fall ist unser wichtigstes Utensil die Aufsteighilfe, denn hier hilft nur, dem

---

Die »Dicht«-Position

Für den richtigen Abstand zum Pferd in der »Dicht«-Position müssen viele Hunde erst einmal ein Gefühl entwickeln. Hierbei brauchen wir wieder eine Hilfsperson, die uns begleitet.

Der Hund wird mit zwei Leinen angeleint. Die »Hauptleine« hat der Reiter in der Hand, er dirigiert auch den Hund in die gewünschte Position, während er zunächst nur im Schritt reitet. Läuft der Hund zu dicht, kann er das verbale Signal zum Abstandhalten geben und evtl. auch die Gerte als taktilen Abstandhalter an der Hundeschulter einsetzen.

Reagiert der Hund darauf, ist alles wunderbar. Man lobt ihn und übt das Ganze solange in aller Ruhe, bis der Hund seine Position verstanden hat.

Die Hilfsperson wird nur im Notfall tätig, sie hält sich aus der Kommandogebung komplett heraus, benutzt ihre Leine nur, wenn Waldi unter dem Pferdebauch zu verschwinden droht. Oder sie schreitet ein, wenn die Situation zwar nicht so dramatisch ist, Waldi aber aus irgendwelchen Gründen nicht in der Lage ist, zu verstehen, was in aller Welt dieses Abstand-Kommando zu bedeuten hat. Dann nämlich gibt der Reiter die entsprechenden Signale zusammen mit der den Hund wortlos korrigierenden Begleitperson und lobt jeden Fortschritt.

Mirabelle lernt, den richtigen Abstand einzuhalten.

Hund zu demonstrieren, dass alles o.k. ist, und das geht am besten, indem man den Weg von »neben dem Pferd« (Das kennt er ja schon vom Spazierengehen und befolgt dort auch die Kommandos, nicht wahr?) zu »auf dem Pferd« in ganz kleine Schritte aufteilt. Man nimmt den nächsten Schritt in Richtung »auf dem Pferd« also erst vor, wenn der Hund während des Schritts davor mit der Zusammenarbeit keine Probleme hatte.

Die Aufsteighilfe kommt im Übrigen auch dann zum Einsatz, wenn es unserem Begleiter zwar überhaupt nicht unheimlich ist, uns oben auf dem Pferd zu sehen, sondern wenn er ganz offensichtlich meint, nun auf erfreuliche Weise aus unserem direkten Einflussbereich entschwunden zu sein und den Gehorsam von nun an als untergeordnete Angelegenheit betrachtet. Hier müssen wir dem Schlawiner beweisen, dass er uns unterschätzt hat und dass wir sehr wohl in der Lage sind, uns flugs von unserem Reittier abzuseilen, um unseren Wünschen Nachdruck zu verleihen. (Siehe Grundgehorsam. Unser Kommando muss wieder zur bestmöglichen Alternative werden.) Diese sportliche Betätigung mag lästig sein, zahlt sich aber doppelt und dreifach aus. Denn wenn der Hund erst einmal verstanden hat, dass wir auf dem Pferd (fest)sitzend nicht in der Lage sind, unsere Kommandos durchzusetzen, wird es viele, viele Exemplare geben, die das gnadenlos ausnutzen.

Ist das Geben der Kommandos vom Pferd aus gesichert, wird es Zeit, die Richtungskommandos mit und ohne Leine zu üben. Hat der Hund an diesem Punkt allerdings schon verinnerlicht, dass es für ihn wenig Unterschied macht, ob Sie zu Fuß, mit dem Rad oder auf dem Pferd unterwegs sind, wird es hier kaum Probleme geben. (Denken Sie wieder daran, die Richtungskommandos in die Richtung zu belohnen, in die Ihr Hund laufen sollte.)

Bei allem Fokus auf den Hund dürfen wir in dieser Phase auch das Pferd nicht vergessen. Ist es brav und relax, sollten wir das auf gar keinen Fall als selbstverständlich hinnehmen, sondern sehr deutlich zum Ausdruck bringen, wie sehr wir sein Verhalten schätzen. Hat das Pferd Probleme mit dem Hund, was eigentlich nicht zu erwarten ist, wenn es über die Spaziergänge ausreichend an den Hund gewöhnt wurde und gelernt hat, ihn mit positiven Dingen zu assoziieren, dann gilt hier das Gleiche, wie für den Hund: Zurück in den Wohlfühlbereich und von dort aus in kleinen Schritten wieder voran. Selbstverständlich gilt auch erziehungstechnisch dasselbe: Wenn unser Pferd meint, es bräuchte nun beispielsweise während des Aufsteigens nicht mehr stillzustehen, weil wir mit Augen und Ohren (auch) beim Hund sind, so müssen wir auch hier den Anfängen wehren und unserm Schatz liebevoll, aber

konsequent erklären, dass wir alle Zeit der Welt und sowieso den längeren Atem haben.

Wenn nun bis hierher alles gut geklappt hat, sollte man auf gesichertem Gelände die Richtungskommandos, verschiedene Gangarten und Tempi ausprobieren, den Hund dabei mal »Dicht« laufen lassen, mal ins »Bleib« schicken und alleine in verschiedenen Gangarten weiterreiten und zwischendrin auch immer mal wieder die »Du bist nicht gemeint«-Übung machen. Also den Hund ins »Bleib« und zusätzlich zu verschiedenen Gangarten auch mal absteigen, hüpfen und singen ... (vorher gucken, dass man alleine ist), wieder aufsteigen und dann den Hund aktiv aus der Passivität holen (und loben!). Und umgekehrt dasselbe: Das Pferd bekommt vom Sattel aus sein Schlüsselwort und wir wedeln mit den Armen, dirigieren den Hund hin und her etc. Und ja, wir können auch wieder singen und juchzen ... Wenn wir fertig sind, bedeuten wir dem Pferd aktiv, dass wir nun wieder »da« sind – und loben es!

4.2 Der erste Ausritt

Nun kann eigentlich nichts mehr schiefgehen. Wichtig ist, sich nicht zu viel vorzunehmen. Funktioniert dann beim ersten Ausritt alles perfekt, umso besser. Wenn nicht, bleiben Sie ruhig, steigen Sie lieber ab und entschärfen Sie die Situation, als mit Stress und Geschimpfe hindurchzupreschen. Wenn Sie dann in Ruhe das Problem analysiert haben, machen Sie sich einen Plan und fangen noch einmal an. Sie müssen immer bedenken, Sie haben noch so viele glückliche Jahre vor sich, die Sie mit Pferd und hündischem Begleiter verbringen können, da fallen doch ein paar Wochen, die man vielleicht länger braucht als geplant und in denen man mehr Zeit neben als auf dem Pferd verbringt, um

Der erste Ritt mit Pferd und Hund.

alle Beteiligten in ihre Aufgaben einzuweisen, überhaupt nicht ins Gewicht! Und es zahlt sich wirklich aus, wenn man nicht nach dem Motto »Augen zu und durch« über viele nervige Kleinigkeiten hinwegsieht, um endlich »richtig« reiten zu können, sondern beharrlich, freundlich und konsequent beide Tiere zur Mitarbeit motiviert.

4.3 Verhalten im Straßenverkehr

Laut Straßenverkehrsordnung dürfen Reiter nicht auf dem Fußweg reiten und die Pferde auch nicht darauf führen, sondern sie gehören nach §18 StVO an den rechten Rand der Straße. Das Pferd sollte also durchaus verkehrssicher sein, umso mehr, wenn man zusätzlich einen Hund führt!

Seanah hatte die Angewohnheit, »ihr« Pferd auch auf dem Reitplatz Runde um Runde zu begleiten.

Wichtig ist, dass der Gesetzgeber für Reiter und auch beim Treiben von Vieh bei Dämmerung und Dunkelheit eine Beleuchtung vorsieht. Es soll sowohl beim Führen eines Pferdes, als auch beim Reiten eine nicht blendende Leuchte mit weißem Licht verwendet werden, die auf der linken Seite von vorne und von hinten gut sichtbar ist. Hintergrund dieser Vorschrift ist, dass eine Gefährdung anderer Verkehrsteilnehmer vermieden werden soll. Auch der Hund sollte in der Dämmerung oder Dunkelheit gut sichtbar und beleuchtet sein. Im Handel gibt es verschiedene Möglichkeiten, beliebt sind die Leuchthalsbänder, aber gerade für Hunde mit langem Fell bieten sich auch Blink-Lichter an, die am Geschirr befestigt werden.

Der Hund muss rechts, auf der verkehrsabgewandten Seite geführt werden. So also die Vorschriften. Keinesfalls möchte ich dazu aufrufen, sich vorschriftswidrig zu verhalten, aber es gibt durchaus Situationen, in denen es sinnvoll ist, mit Pferd und Hund die Straße zu verlassen und auf dem Bürgersteig zu reiten oder besser noch das Pferd zu führen. Die Autofahrer sind bestimmt dankbar. Wenn der Gehsteig ohnehin recht frei ist und man sich rücksichtsvoll benimmt, kann das oft die bessere Entscheidung sein.

Ebenso steht es mit der Regel, den Hund auf der verkehrsabgewandten Seite zu führen. Mein Hund ist vollkommen verkehrssicher, neben ihm könnte eine Bombe einschlagen und er würde höchstens mal hinschauen. Mein Pferd hingegen kann schon nervös werden, wenn die Fahrzeuge eine gewisse Größe und vor allem Lautstärke erreichen. Deswegen mache ich es so, dass ich mein Pferd verkehrsabgewandt führe, damit es nicht in den Hund hineinhüpft. Gleichzeitig arbeite allerdings stetig an der Gelassenheit des Pferdes.

Im Straßenverkehr, wie in allen Situationen, die ein wenig brenzlig werden könnten, ist es besonders wichtig, dass man als Mensch Ruhe und Übersicht bewahrt. Ein nervöses Pferd am Rand einer befahrenen Straße zu reiten und auch noch einen Hund neben sich zu führen, macht keinem Spaß und stellt eine erhebliche Gefahr dar. Rein rechtlich darf man öffentliche Straßen ohnehin nur mit einem hinreichend sicheren Pferd betreten. Das ist nun ziemlich schwammig formuliert und eher Ermessenssache. Das Beste ist in jedem Fall, beide Tiere – zunächst einzeln, später zusammen – behutsam an die Herausforderungen des Straßenverkehrs zu gewöhnen.

![image](full page photograph)

5 Horse- & Dogtrail

5. Horse- & Dogtrail

Der Horse- & Dogtrail ist für alle reitenden Hundebesitzer eine wundervolle Beschäftigung. Hund und Pferd meistern gemeinsam einen Trail- bzw. Geschicklichkeitsparcours. Dabei sind sowohl gemeinsame Aufgaben als auch Einzelaufgaben für den Hund oder das Pferd zu lösen.

Unabhängig davon, ob man gerne an Turnieren in dieser Disziplin teilnehmen möchte oder ganz einfach nur die Beschäftigung mit seinen Vierbeinern genießt – profitieren werden alle von dem Training. Zum einen macht das Miteinander einfach Spaß, zum anderen erzielt man aber auch einen wunderbaren Trainingseffekt, von dem man im täglichen Miteinander am Stall und beim Ausritt im Gelände enorm profitiert. Denn durch die unterschiedlichen Aufgaben fördert man die Selbstsicherheit und das Vertrauen der beiden Tiere, beide lernen noch besser zuzuhören und zu kooperieren.

Der Phantasie sind kaum Grenzen gesetzt, wenn es darum geht, Aufgaben zu finden, die man gemeinsam mit Hund und Pferd lösen möchte. Ob man gemeinsam Hindernisse überwindet, über Plastikplanen reitet, vom Pferd aus ein Tor öffnet und dann gemeinsam mit seinem Hund durchreitet, ob man sein Pferd durch ein Stangen-L lenkt, während der Hund brav an der zugewiesenen Stelle wartet, ob man gemeinsam einen Pylonen-Slalom meistert oder den Hund vom Pferd aus zu einer Markierung vorausschickt, ob man sich eine fallen gelassene Leine apportieren lässt oder, oder, das Training macht einfach Spaß. Außerdem hat man den gro-

ßen Vorteil, dass das Ganze üblicherweise auf dem Reitplatz oder in der Halle stattfindet, das heißt, die Umwelteinflüsse sind begrenzt, die Tiere sind weniger abgelenkt, was den Trainingseffekt erhöht. Außerdem braucht man auch nicht ständig die Augen überall zu haben, um z. B. den Hasen vor dem Hund zu entdecken oder den von hinten kommenden (und sich meistens nicht bemerkbar machenden) Radfahrer zu erspähen. Man kann sich ganz entspannt seinen beiden Tieren widmen.

Es gibt fast unbegrenzte Möglichkeiten für die spielerische Beschäftigung mit Pferd und Hund.

Gemeinsam Aufgaben zu bewältigen, fördert die Aufmerksamkeit und die Koordination von allen Beteiligten.

Das hört sich jetzt alles wunderbar an, aber bevor man mit Trail- und Geschicklichkeitsaufgaben beginnt, ist eine solide Grundausbildung beider Tiere notwendig, denn ansonsten kann sich der Reiter keinem von beiden begreiflich machen. Und was Spaß und Harmonie zu dritt werden sollte, endet im Frust für alle. Auch wenn Hund und Pferd eine gute Grundausbildung haben, ist es vorteilhaft, beide zunächst getrennt auf ihre neuen Aufgaben vorzubereiten und nicht gleich zu erwarten, dass Hund und Pferd beispielsweise gemeinsam über eine Plastikplane laufen, die sie nicht kennen. Hier ist es also, wie überall, besser mit kleinen, wohlüberlegten Schritten und viel Ruhe und Lob voranzugehen.

Wer sich gerne mit Gleichinteressierten trifft und misst, der findet auch ganz bestimmt das Horse- & Dogtrail-Turnier, das zu ihm passt, denn diese Breitensport-Wettbewerbe gibt es in unterschiedlichen Kategorien für alle Reitweisen und Leistungsklassen.

Angeboten werden Horse- & Dogtrails unter anderem bei der EWU (Erste Westernreiter Union Deutschland), bei Breitensportveranstaltungen der FN (Deutsche Reiterliche Vereinigung), bei Veranstaltungen der VFD (Vereinigung der Freizeitreiter und -fahrer in Deutschland), bei vielen Vereinsturnieren, Playdays usw.

6 Schlusswort

6. Schlusswort

Ich hoffe sehr, dass Ihnen das Buch gefallen hat, dass Sie neue Erkenntnisse gewinnen und viele Anregungen mitnehmen konnten. Hunde- und Pferdeerziehung ist ein Thema, das niemals endet. Das Verhalten von Lebewesen wird ständig von vielen Faktoren beeinflusst und stellt uns immer wieder vor neue Herausforderungen, auch in Trainingsbereichen, von denen man angenommen hatte, dass man sie gut und ausreichend abgesichert hätte. Bleiben Sie gelassen, wenn Sie in Situationen kommen, in denen Ihre Tiere Ihnen glaubhaft versichern, dass sie unmöglich wissen können, was Sie da gerade von ihnen verlangen. Nehmen Sie's nicht persönlich, wenn scheinbar gar nichts mehr gelingen will. Versuchen Sie, die Gesamtsituation im Auge zu behalten und wenn Sie sich nicht sicher sind, welche Vorgehensweise zum Ziel führt, dann ist es immer besser, die Tiere zunächst ruhig und bestimmt aus der betreffenden Situation hinaus zu führen, sich nicht aufzuregen oder gar grob zu werden. Das beschädigt nur Ihr Ansehen in den Augen der Tiere und außerdem ärgert man sich im Nachhinein selber am meisten über sein unkontrolliertes Geschimpfe, denn alle Lebewesen lernen unter Stress sehr viel schlechter. Kommen Sie zur Ruhe, atmen Sie durch und machen Sie sich bewusst, was für ein Glückspilz Sie sind, dass Sie ein Pferd und einen Hund besitzen! Und dann überlegen Sie in Ruhe, wie das Problem entstehen konnte, gehen ein paar Schritte zurück und versuchen es besser zu machen. Ich wünsche Ihnen viel Erfolg dabei, aber noch mehr wünsche ich Ihnen und Ihren Tieren Freude miteinander!

www.freestyle-dogs.de
freestyle-dogs@t-online.de

Liebe, Vertrauen und Sachkenntnis erzeugen
»magische Momente«.

Nützliche Adressen

Deutsche Reiterliche Vereinigung
www.pferd-aktuell.de

Vereinigung der Freizeitreiter und Fahrer in
Deutschland e.V. www.vfdnet.de

Erste Westernreiterunion Deutschland e.V.
www.westernreiter.com

Verband für das Deutsche Hundewesen
www.vdh.de

Lese-Tipps ...

... zur Pferdeausbildung

Christa Arz: Bodenarbeit; Pferdetraining an der
Hand. Stuttgart, 2009

Peter Pfister: Natürlicher Umgang mit Pferden; Das
Geheimnis erfolgreicher Pferdeausbildung -
Faszination Freiheitsdressur - Zirzensische
Lektionen. Stuttgart, 2014

Christiane Schwahlen: Natural Horsemanship und
klassische Dressur; Anleitung zur ganzheitlichen
Ausbildung des Pferdes. Stuttgart, 2013

... zur Hundeerziehung

Carsten Bainksi: Die neue Welpenschule. Stuttgart,
2011

Petra Krivy/Angelika Lanzerath: Familienhunde gut
erzogen; Der Ratgeber für jeden Hundehalter.
Stuttgart, 2013

Uwe Friedrich: Das Teamkonzept; Die vier Säulen
der Hundeerziehung. Stuttgart, 2013

Karen Uecker ist seit ihrer Kindheit eine begeisterte Reiterin, liebt Hunde und hat ein Herz für alle Tiere. Als kleines Mädchen ließ sie sich partout nicht vom Reiten abhalten. Überglücklich war sie, als sie endlich Reitunterricht nehmen durfte. Bedingung war, dass die schulischen Leistungen stimmten. Die Grundlagen im Bereich des Tiertrainings erarbeitete sie sich viel später in den USA, wo sie sich mehr für die Arbeit einer Tiertrainerin interessierte, die sie zufällig kennengelernt hatte, als für den Trainee-Job, der nach ihrem juristischen Studium anstand. Wieder zurück in Deutschland hatte sie das Glück, bei Richard Hinrichs, dem bekannten Ausbilder für klassisch-barocke Reitkunst, Unterricht nehmen zu können.

In dieser Zeit begann sie außerdem, mit ihrem ersten eigenen Hund verschiedene Trainingsmethoden von bekannten und unbekannten Trainern auszuprobieren. Nach vielen Jahren des Zuschauens, Zuhörens und Lernens kristallisierten sich Trainingsmethoden heraus, mit denen sie ihre Tiere heute erfolgreich für Veranstaltungen und Shows ausbildet. Ihr Wissen gibt sie in Seminaren und Kursen weiter. Karen Uecker ist überzeugt davon, dass man – egal, ob man mit Pferden arbeitet oder mit Hunden – letztlich niemals auslernt. Man lernt immer wieder etwas dazu. Ganz besonders dankbar ist sie Andrea Schmitz, der Showreiterin und Ausbilderin, für ihre Tipps und Anregungen bei der Pferdeausbildung.

Unsere Erfolgsreihen auf einen Blick

Die Reitschule *(Auswahl)*

Heinrich Bergmann-Scholvien, **Arbeit an der Doppellonge**, ISBN 978-3-275-01805-5
Urte Biallas, **Bodenarbeitskurs**, ISBN 978-3-275-01830-7
Monika Hannawacker, **Zirkuslektionen**, ISBN 978-3-275-01831-4
Marlit Hoffmann, **Reiterrallyes – Reiterspiele**, ISBN 978-3-275-01850-5
Ute Holm/Carola Steen, **Westernreiten für Einsteiger**, ISBN 978-3-275-01858-1
Hannelore Leiser, **Voltigieren für Einsteiger**, ISBN 978-3-275-01856-7
Jutta Plötz, **Islandpferde – halten, pflegen, reiten**, ISBN 978-3-275-01829-1
Angelika Schmelzer, **Pferde erziehen**, ISBN 978-3-275-01709-6
Britta Schön, **Mein erster Turnierstart**, ISBN 978-3-275-01777-5
Viviane Theby, **So lernen Pferde**, ISBN 978-3-275-01804-8
Sigrid Weppelmann/Sandra Mensmann, **Longieren**, ISBN 978-3-275-01727-0
Sigrid Weppelmann, **Basispass Pferdekunde**, ISBN 978-3-275-01750-8
Inga Wolframm, **Angstfrei reiten**, ISBN 978-3-275-01729-4

Die Hundeschule *(Auswahl)*

Annegret Bangert, **Begleithundprüfung**, ISBN 978-3-275-01779-9
Ann-Sophie Griebel, **Clicker-Training**, ISBN 978-3-275-01714-0
Micaela Köppel, **Spiel und Spaß für jeden Tag**, ISBN 978-3-275-01732-4
Petra Krivy/Angelika Lanzerath, **Darf der das?**, ISBN 978-3-275-01835-2
Petra Krivy/Angelika Lanzerath, **Einer geht noch ...**, ISBN 978-3-275-01863-5
Petra Krivy/Angelika Lanzerath, **Was ein Welpe lernen muss**, ISBN 978-3-275-01689-1
Petra Krivy/Angelika Lanzerath, **Hunde verstehen**, ISBN 978-3-275-01756-0
Petra Krivy/Angelika Lanzerath, **Gut erzogen von Anfang an**, ISBN 978-3-275-01731-7
Petra Krivy/Angelika Lanzerath, **Mein Hund im Flegelalter**, ISBN 978-3-275-01810-9
Uta Reichenbach/Gabriele Lehari, **Sinnvolle Beschäftigung**, ISBN 978-3-275-01929-8
Monika Schaal/Ursula Breuer, **Gastfreundlich**, ISBN 978-3-275-01862-8
Monika Schaal/Ursula Breuer, **Komm zu mir!**, ISBN 978-3-275-01623-5
Monika Schaal/Ursula Daugschieß-Thumm, **Lockere Leine**, ISBN 978-3-275-01621-1
Andrea Schmidt/Gunter Mattes, **Flyball**, ISBN 978-3-275-01912-0
Beate Schwarz, **Dummy-Training**, ISBN 978-3-275-01690-7
Manuela van Schewick, **Apportieren mit Spaß**, ISBN 978-3-275-01754-6

happy cats *(Auswahl)*

Sylvia Born, **Katzenkinderstube**, ISBN 978-3-275-01864-2
Nina Ernst, **Zufriedene Stubentiger**, ISBN 978-3-275-01760-7
Gabriele Müller, **Miau – Katzensprache richtig deuten**, ISBN 978-3-275-01782-9
Gabriele Müller, **Katzenspiele**, ISBN 978-3-275-01811-6
Annette Thomée, **Gesunde Katze**, ISBN 978-3-275-01839-0

Jedes Buch mit 96 Seiten,
ca. 80 Abb., broschiert,
je € 9,95/CHF 18,90/€(A) 10,30